どんぐりの生物学

ブナ科植物の多様性と適応戦略

原 正利

学術選書 088

KYOTO UNIVERSITY PRESS

京都大学学術出版会

口絵1 ●リトカルプス・カルクマニイ *Lithocarpus kalkmanii*. 白く見える子葉の形も不定形で奇妙である.

口絵2 ●リトカルプス・トゥルビナトゥス *Lithocarpus turbinatus*. やや若い果実.

口絵3●リトカルプス・ハリエリ *Lithocarpus hallieri*.

口絵4●リトカルプス・パルンゲンシス *Lithocarpus palungensis*.

口絵5 ●リトカルプス・アウリクラートゥス *Lithocarpus auriculatus*. 写真：徳永桂子.

口絵6 ●リトカルプス・エレガンス *Lithocarpus elegans*.

口絵 7 ●カスタノプシス・パウキスピナ *Castanopsis paucispina*.

口絵 8 ●カスタノプシス・イネルミス *Castanopsis inermis*.

口絵 9 ●カスタノプシス・モトレヤナ *Castanopsis motleyana*.

口絵 10 ●クエルクス・インシグニス *Quercus insignis*. 写真:徳永桂子.

口絵 11 ●クエルクス・ラメロサ *Quercus lamellosa*.

口絵 12 ●クエルクス・イタブレンシス・マクロレピス *Quercus ithaburensis* ssp. *Macrolepis*. 写真：徳永桂子.

口絵 13 ●リトカルプス・ケニンガウエンシス *Lithocarpus keningauensis*.

口絵 14 ●リトカルプス・プロンタウエンシス *Lithocarpus pulongtauensis*.

口絵 15 ●カスタノプシス・ペダンクラータ *Casatanopsis pedunculata*. 枝先に垂れ下がった果実序. 約 35cm ある.

口絵 16 ●リトカルプス・エンクレイサカルプス *Lithocarpus encleisacarpus*. 写真：徳永桂子.

口絵 17 ●マテバシイ果実の成長過程．左上の 2 枚以外は開花翌年の状態．6 月上旬，開花直後，子房は未発達で確認できない；翌年 3 月上旬，前年からほとんど変化していない．子房は依然，未発達．；5 月下旬，子房が完成し，殻斗と共に成長を始めている．子房内には 2 個の胚珠が見える．子房上方から作られつつある外果皮が白く見える；6 月中旬，果実は成長して殻斗から出ているが，胚珠はまだ小さいままで，果実内は大部分が果肉（内果皮と隔壁）である．；8 月上旬，果実はほぼ成熟サイズだが，子葉はまだ小さい；9 月下旬，果実は成熟し，内部は子葉で占められている．

口絵 18 ●スダジイ果実の成長過程．左上の 2 枚以外は開花翌年の状態．5 月中旬，開花直後，子房は未発達で，確認できない；翌年 5 月中旬，前年からほとんど変化していない．子房は依然，未発達である；6 月上旬，子房が完成し，殻斗と共に成長を始めている．断面には胚珠が 1 個見える；8 月上旬，殻斗がさらに成長したが，果実内の胚珠はまだ小さい；9 月中旬，果実内で子葉が急速に成長しつつある；9 月下旬，果実は成熟し，内部は子葉で占められている．開花年の写真：山本伸子．

4月中旬　　　　　　6月中旬　　　　　　7月上旬

8月中旬　　　　　　9月上旬　　　　　　10月上旬

口絵19 ●コナラ果実の成長過程．4月中旬，開花時の雌花．子房は未発達で，全く確認できない；6月中旬，成長を始めた子房と殻斗．子房内では，1個の胚珠が成長しつつある．7月上旬，子房内で，胚珠が回転し，左側から成長しつつある。子房右側の液状の部分は胚乳．8月中旬，果実は成長して殻斗を抜け出しつつある．果実内の大部分はすでに子葉が占めている；9月中旬，果実はほぼ成熟サイズに達し，子葉が大部分を占めているが，果皮は緑色で厚みがある；10月上旬，果実は成熟し，果皮は完全に木化し，薄くなっている。4月中旬の写真：山本伸子．

| 4月上旬(開花年) | 3月上旬 | 6月中旬 |
| 7月中旬 | 8月中旬 | 9月下旬 |

口絵 20 ● クヌギ果実の成長過程．左上の2枚以外は開花翌年の状態．4月中旬，開花時の雌花．子房は未発達で，全く確認できない；翌年3月中旬，開花時と比べると，殻斗の木化が進み，果序の枝が伸びたが，子房は依然，未発達である；6月中旬，成長を始めた殻斗と子房．子房内に胚珠が見える；7月中旬，さらに成長した殻斗と子房．子葉がすでに大きく成長している；8月中旬，さらに成長が進み，子葉が大きくなりつつある；10月上旬，果実は成熟し，内部は子葉で占められている．開花年の4月上旬～7月中旬の写真：山本伸子．

目　次

口　絵 　　　　　　　　　　　　　　　　　　　　　　　　　　i

はじめに 　　　　　　　　　　　　　　　　　　　　　　　　　3

第Ⅰ章
ブナ科植物の誕生と分化 　　　　　　　　　　　　　　　　9

1　白亜紀後期――ブナ科植物の誕生 　　　　　　　　　　　11

2　古第三紀――ブナ科植物の多様化と現生属の出現 　　　　15

3　新第三紀――気候の寒冷化に伴う針葉樹・落葉樹混交林
　　　　　　　の拡大とブナ科フロラの変遷 　　　　　　　24

4　化石から見たどんぐりと動物との共進化 　　　　　　　　26

　コラム❶　　世界最大のどんぐりは？ 　　　　　　　　　　31

第Ⅱ章
ブナ科植物の多様性 　　　　　　　　　　　　　　　　　　35

1　ブナ科植物の分類 　　　　　　　　　　　　　　　　　　35

2　多様性の地理的パターン 　　　　　　　　　　　　　　　37

3　日本列島における多様性の特徴 　　　　　　　　　　　　40

4　各属の分布と分類 　　　　　　　　　　　　　　　　　　43

　コラム❷　　奇妙などんぐり 　　　　　　　　　　　　　　64

第Ⅲ章
どんぐりの形態学 — 67

- 1 果皮とへその構造　　　　　　　　　70
- 2 種子の構造　　　　　　　　　　　　75
- 3 花の形　　　　　　　　　　　　　　82
- 4 奇妙な受精過程　　　　　　　　　　90
- 5 複雑な花序　　　　　　　　　　　　94
- 6 送粉様式　　　　　　　　　　　　 103
- 7 子房の成長——果実へ　　　　　　 105
- 8 殻斗の起源　　　　　　　　　　　 108
- 9 花序殻斗と花殻斗　　　　　　　　 109
- 10 ブナ科の系統と殻斗の進化　　　　 112
- 11 果実の散布　　　　　　　　　　　 114

第Ⅳ章
ブナ科植物の芽生え —117

- 1 実生の多様性　　　　　　　　　　 118
- 2 地上子葉性と地下子葉性　　　　　 120
- 3 実生の形態　　　　　　　　　　　 122
- 4 発芽　　　　　　　　　　　　　　 126
- 5 地上茎の伸長　　　　　　　　　　 129
- 6 実生の初期成長戦略　　　　　　　 131
- **コラム❸**　へそから根を出すどんぐり　 137

第Ⅶ章
ブナ科植物と菌類 — 195

1	病原菌	196
2	菌根菌	198
3	外生菌根菌とブナ科植物の共生	201
4	菌根ネットワーク	203
5	樹木の実生再生と菌類	205
6	植生における"科の優占"と菌類	209

第Ⅷ章
ブナ科植物の分布と植生 — 213

1	ブナ科植物と植生群系	214
2	南アジアの熱帯におけるブナ科植物の植物地理	225
3	タイ北部インタノン山における植生の垂直分布	229
4	タイ北部インタノン山におけるブナ科植物の垂直分布	233
5	ボルネオ島の植生	237
6	ボルネオ島におけるブナ科植物の垂直分布	242
コラム❺	南西諸島の森とブナ科の植物	248

用語解説	259
引用文献	271
索　　引	301

第V章
どんぐりと昆虫 —— 141

1 どんぐりと昆虫の密接な関係 　142
2 虫えい形成昆虫 　144
3 どんぐりを食べる鱗翅目昆虫——蛾の仲間 　148
4 どんぐりを食べる鞘翅目昆虫——ゾウムシとキクイムシ 　152
5 ブナ科の属ごとに見た堅果食昆虫相の特徴 　157

第VI章
どんぐりと哺乳類・鳥類 —— 161

1 分散貯蔵散布 　162
2 物理的防御 　163
3 化学的防御 　169
4 タンニン 　170
5 タンニンの影響とげっ歯類の対抗戦略 　172
6 物理的防御と化学的防御のトレードオフ 　173
7 堅果の散布をめぐる植物と哺乳類の戦略的駆け引き 　174
8 マスティングと昆虫・小型哺乳類 　178
9 どんぐりと中・大型哺乳類 　182
10 どんぐりと鳥類 　185
11 哺乳類や鳥類による種子散布距離 　187

コラム❹ ところ変われば大きさも変わる
　　　　　－どんぐりのサイズの地理的クライン－ 　190

どんぐりの生物学
ブナ科植物の多様性と適応戦略

はじめに

　ブナ科の植物の果実，いわゆるどんぐりは，誰でも知っている，最も身近な木の実である．幼い頃，公園や雑木林でどんぐりを拾った思い出を持たない人は少ないだろう．どんぐりを見るとなぜか拾い集めたくなるのが，人に共通の習性らしく，何も言われていない幼児も，どんぐりを見つけると自然に拾い始める．どんぐりが，人類の重要な食糧であった狩猟採集時代の記憶が，まだ脳に残っているのかもしれない．

　どんぐりは，生物の生態を研究する生態学者にとっても，とても身近な存在で，膨大な数の研究がある．私も，学生時代にまずテーマとしたのが，ブナが作る森，ブナ林の維持・更新過程だった．からを破って出てきたブナの芽生えが，林の下にたくさん生えている様子はとても印象的だった．ブナのどんぐりは三角形で，コナラなどの，見慣れた丸いどんぐりとは，一見，異なるが，どちらも同じブナ科の植物の果実で，中に大きな双葉（**子葉**）を持つことや，殻斗と呼ばれる保護器官を持つことなどが共通していることを知った．

　ブナ林の次に研究対象としたのが，シイやカシ類などブナ科の常緑広葉樹が作る森林，いわゆる照葉樹林だった．照葉樹林はブナ林と比べてブナ科の植物の種類が多いので，その見分け方を学ぶのが最初の仕事になる．常緑広葉樹の葉は落葉広葉樹の葉と比

べると，どれも良く似ていて，最初は区別が難しい．どんぐりも，形や大きさがとても良く似ている．カシの種類を，どんぐりだけで見分けられるのは，相当の熟達者に限られる．一目で覚えられるのは，オキナワウラジロガシの大きなどんぐりぐらいであろう．

　日本や台湾で，照葉樹林について調べた後，次に調査に出かけたのが，北タイのインタノン山（Doi Inthanon，海抜2565m）の熱帯山地林だった．熱帯山地林は，照葉樹林と，出現する種類の共通性が高く，その起源になった森林とも言われている．しかし，まだ研究が不足していて，実体のよくわからない森林だった．山の中腹，海抜1700m地点に大規模継続調査区（15ha）を設置して森を調べる共同研究のためだったが，ブナ科の植物の多様性がとても高いという情報が事前にあり，期待して出かけた．森の中に入って見ると，確かに，日本で見たことの無いほど大きな，トゲのある殻斗に包まれた丸いどんぐりが落ちている（後に，マテバシイ属のリトカルプス・エキノプス *Lithocarpus echinops* の果実であることが判明した）．その他にもブナ科の植物がいろいろあることは解ったが，最初は，きちんとした標本も作ることができず，種類が解らなかった．結局，ここには10年近くの間，毎年のように出かけて，さく葉標本を作り，どんぐりを拾ってブナ科の植物を調べた．その結果，インタノン山だけで，少なくとも34種類のブナ科の植物が出現することを確認した．インタノン山は大きな山で，未調査の範囲も広くあるので，実際にはもっとあるだろう．日本に分布するブナ科の植物は，日本全域で22種なので，その約1.5倍のブナ科の植物が，ひとつの山だけで見られること

になる．日本と比べると，シイやマテバシイの仲間の種多様性が高いのが特徴である．シイやマテバシイの仲間は，カシ類と比べて発達した殻斗を持つものが多く，そのためどんぐりや殻斗も実に様々な形，色のものがある．日本産のブナ科植物が示す多様性は，ブナ科植物全体の多様性の，ごく一部でしかない．そのことを，はっきり感じさせてくれたのがインタノン山での調査であった．

さらに，その後，マレーシアのサラワク州（ボルネオ島）の熱帯林で，ブナ科植物の種類と分布を調べてきた．ボルネオ島のどんぐりは，インタノン山のどんぐりよりも一層，巨大で，奇妙な形のものが多数，見られる（コラム1，2を参照）．日本産のどんぐりの印象とは，大きくかけ離れている．最初に調査に訪れたのは，サラワク州の北部にあるプロン・タウ国立公園であった．ここには，サラワク州最高峰のムルドゥ山（Gnung Murud，海抜2423m）がある．中腹で車を降り，山頂を目指して登り始めた直後，森の中にソフトボール大の丸い球がゴロゴロと落ちていた．滑らかな表面を持つ殻斗が，中の果実を丸く被い尽くしているので，これを見て，どんぐりが落ちていると気づく人は少ないだろう．しかし，これがマテバシイ属のリトカルプス・カルクマニイ *Lithocarpus kalkmanii* の果実なのであった．最も巨大などんぐりを持つ種のひとつである．初めて見る巨大などんぐりに，思わずオーッと声を出してしまった．しかし，その後のボルネオ島の調査では何度も同じような声を上げることになる．

ブナ科の植物は北半球を中心に広く分布し，気候的にも熱帯，亜熱帯から温帯，寒帯にわたって，熱帯雨林の分布する多雨地か

ら半砂漠のような乾燥地まで,様々な環境条件の場所に生育し,繁栄している植物群である.ほとんどが高木になる木本植物で,多くの場所で森の優占種となっている.科全体の分類学的な整理はまだ不十分で,正確な種数も未確定だが,これまでに10属が知られ,900〜1000種があると推定されている.種数の多い方からコナラ属(約400〜500種),マテバシイ属(約320種),スダジイ属(約130種),ブナ属(11種),クリ属(8種),トゲガシ属(2種),ノトリトカルプス属(1種),カクミガシ属(1種),コロンボバラヌス属(1種),フォルマノデンドロン属(1種)が知られている.

科の種数としては,維管束植物の中で最大の種数を持つラン科(2万6000種),キク科(2万4000種),マメ科(1万9500種)などと比べると,かなり少なく,中程度の大きさの科といえるが,ブナ科の植物が作り出す森林のバイオマスは巨大で,おそらくマツ科の針葉樹に次ぐ2番目の量を占め,広葉樹としては最大だろうと考えられている.陸上生態系の中で,非常に重要な役割を果たしている植物群といえる.

したがって,分類や生態について膨大な数の研究がなされてきたが,研究分野の細分化が進んだ結果,異なる専門分野に関する知識が追いつかず,木を見て森を見ず,あるいは,その逆のことが生じているような気がする.また,これまでの研究は,どうしても研究者の多い温帯域で行われたものが多く,ブナ科植物の多様性が高い熱帯や亜熱帯での研究は,まだまだ少ない.ブナ科の植物の生物学的な全体像が示されているとは言えないのが現状である.ブナ科の植物について研究する中で,私自身が知りたい,

知っておきたいと思ったことを，狭い専門分野の枠を離れ（とは言っても，まだまだ狭い範囲であるが），いろいろ調べ，観察して見ると，改めて驚くことが多かった．ブナ科の植物は長い時間をかけて，他の植物や動物，菌類とさまざまな関係を持ちながら進化してきた植物群である．本書では，その一端を伝えたいと思っている．ブナ科の植物を対象として，様々な角度から研究を進める上で，ヒントになることがあれば幸いである．

　本書では，まず，古植物学から見たブナ科植物の進化について簡単にまとめた上で，生物地理学的知見と，現在の分類体系について紹介し，さらにどんぐりに関する形態学的な知見についてまとめている．ここまでが，いわば植物学的な総論である．そして，その後で，生態学的に重要な，芽ばえの生態について紹介し，さらに，ブナ科植物の進化を考える上で重要な，他の生物との関係を，昆虫，哺乳類・鳥類，菌類の順に紹介している．最後に，植生や植生地理学的な知見を，主に，私自身の，熱帯での研究をもとに紹介した．また，研究の過程で感動した，熱帯の巨大で奇妙などんぐりや，どんぐりに関する興味深いトピックをコラムの形で，解りやすく紹介したつもりである．わかりにくい専門用語（初出時にゴチック体にしてある）については，巻末に用語解説をつけたので参照して欲しい．

　本書は，学問的には，やや広範囲の内容を取り扱っているので，私自身の専門外の部分には，不十分な点や間違いもあるかもしれないと恐れている．古植物学の分野については，百原新さんに拙稿を読んで頂き，いろいろご教示頂いたが，この分野についても，最終的には私自身の責任においてまとめた．本書の内容に

間違いや不足があるとすれば，それらは全て著者の責任である．

　また，本書をまとめたいと思う直接的な契機となった，東南アジアの熱帯山地林に関する研究では，多くの方々にお世話になった．特に，共同研究者である神崎護さんや大久保達弘さんには，一方ならぬお世話になっている．深く感謝したい．また，大澤雅彦先生には，途中段階での原稿を読んで頂き，ご指摘と励ましを受けたことを感謝したい．百原新さんには古植物学についていろいろとご教示頂いたことを感謝したい。さらに，大場達之先生，三好教夫先生，内山隆さん，大野啓一さん，斉藤明子さん，徳永桂子さん，山本伸子さんには写真借用でお世話になったことを，感謝したい．本書の編集をして頂いた京都大学学術出版会の高垣重和さんにも御礼申し上げたい．

第 I 章 | *Chapter I*

ブナ科植物の誕生と分化

　ブナ科の植物はいつ頃，誕生し，どのように進化してきたのだろうか．被子植物の系統，進化を考える際に最も重要な手掛かりとなるのは花の構造である．ところが，花は小型で柔弱なため，化石に残りにくく，被子植物の初期進化は謎に包まれていた．ダーウィンが，被子植物の出現を「忌まわしき謎」と呼んだ話はよく知られている．しかし，近年，特定の条件で堆積した地層の中には，花や果実などを含む小型のメソフォッシル Mesofossils と呼ぶ化石が残されていることがわかり，これを調べることで，被子植物の初期進化について明らかにすることが可能となった．日本でも高橋正道博士らの研究によって，メソフォッシルの研究が進展し（高橋 2006, 2017），被子植物の初期進化の解明につながる化石が発見されている．

　化石は，葉や果実，花などがバラバラに，しかも一部しか出現しないことが多い．このため，種の同定について，現生種とは異なる特有の問題点がある．学名も，産出した化石部位に対して与えられるので，注意が必要である．同じ種の化石であっても，葉の化石と果実の化石とでは，学名が異なる．別の名前が付けられている化石を同種のものであると確認していくのは大変な作業で

付表1 ● 地質年代表.

代	紀	世または期		何万年前（x百万年）
新生代	第四紀	完新世		0.0117
		更新世		2.58
	新第三紀	鮮新世		5.332
		中新世		23.03
	古第三紀	漸新世		33.9
		始新世		56.0
		暁新生		66.0
中生代	白亜紀	後期	マストリヒチアン期	72.1±0.2
			カンパニアン期	83.6±0.2
			サントニアン期	86.3±0.5
			コニアシアン期	89.8±0.3
			チューロニアン期	93.9
			セノマニアン期	100.5
		前期	アルビアン期	113.0
			アプチアン期	125.0
			バレミアン期	129.4
			オーテリビアン期	132.9
			バランギニア期	139.8
			ベリアシアン期	145.0
	ジュラ紀			201.3±0.2
	三畳紀			251.902±0.024
古生代	ペルム紀			298.9±0.15
	石炭紀			358.9±0.4
	デボン紀			419.2±3.2
	シルル紀			443.8±1.5
	オルドビス紀			485.4±1.9
	カンブリア紀			541.0±1.0
先カンブリア代	原生代			2500
	大古代			4000

年代は日本地質学会による"地質系統・年代の日本語記述ガイドライン2018年7月改定版"によった．

ある．このような難点はあるが，ブナ科について見ると，化石が豊富に産出すること，また，森林性の樹木として現在，最も繁栄している科のひとつであり，現生の植物に関する研究蓄積も極めて多いことから，植物群の系統や生物地理学的展開を，現生植物および古植物の両面から統合的に解析するのに適したモデル的な科とみなされている（Manos and Stanford 2001；Mindel et al. 2007）．

これまでの研究によって，ブナ科の植物は，まだ，恐竜がかっ歩していた中生代白亜紀の後期（10億50万年〜6600万年前）に誕生し，新生代の古第三紀（6600万年〜2300万年前）に入ると，絶滅属を含む多くの化石種が知られ，すでに科内の多様化が進んでいたことがわかりつつある．新第三紀（2300万年〜258万年前）に入る頃には，現在，見られる全ての属が揃っていたようである．本章では，まず，化石からわかるブナ科の進化について概観していこう．地質時代区分については，付表1を参照して欲しい．

1 白亜紀後期——ブナ科植物の誕生

白亜紀は，被子植物が地球上に初めて出現した時代であるとされている．高橋（2006）によれば，これまでに発見された，最も古い被子植物の化石は，イスラエルの白亜紀前期のバランギニアン期〜オーテリビアン期の地層から発見された花粉化石である．その後，後期バレミアン期〜アプチアン期）になると，アンボレラ科やセンリョウ科など，様々な原始的被子植物群の花や果実の化石が発見されるようになる．次のアルビアン期になると多様化

が進み，白亜紀後期の最初のセノマニアン期には，さらに多様化して，**真正双子葉群**に分類される様々な科の植物が見られるようになる（高橋 2006）．

次に述べるように，ブナ科やブナ科に類似する植物の化石も，白亜紀後期の地層から報告されている．しかし，それらの化石はナンキョクブナ科やニレ科に似ている点もあり，ブナ科とは断定できないものも多い．ブナ科の植物はすでに誕生していたとしても，現生の属とは異なっており，科内の分類群の分化も不十分であったと考えられる．

ブナ科と推定される最古の化石は，合衆国の白亜紀後期のチューロニアン期の地層から発見された殻斗の化石である．属・種の記載は為されていない（Nixon et al. 2001；Crepet et al. 2004）．北海道の蝦夷層群の同時期の地層からも，クリ属に似た木材の化石が報告されている（Takahashi and Suzuki 2003）．カスタノラディックス・クレタケア *Castanoradix cretacea* およびカスタノラディックス・ビセリアタ *C. biseriata* と名付けられたこの化石は，材の解剖学的特徴がクリ属の根材とよく一致するが，導管の形態に異なる点もあり，別の属とされた．ブナ科と推定される最古の材化石である．蝦夷層群は，白亜紀前期のアルビアン期から白亜紀後期のマストリチアン期にまたがる地層で，これまでに 144 点の木材化石が採集されて，10 属 14 種が認められており，双子葉類の初期進化を解明する上で重要な層群であることが示されている（高橋・鈴木 2005）．

合衆国の白亜紀後期サントニアン期の地層からはブナ科に類縁があると推定される花と果実の化石，2 属 2 種が発見されている

図1-1 ●上2枚,プロトファガケア・アロネンシス *Protofagacea allonensis* の花と果実 (Herendeen et al. 1995);下2枚,アンティクアクプラ・スルカタ *Antiquacupula sulcata* の花と果実 (Sims et al. 1998).

(図1-1).プロトファガケア属 *Protofagacea* (Herendeen et al. 1995) およびアンティクアクプラ属 *Antiquacupula* (Sims et al. 1998) と名付けられたこれらの植物は,いずれも,現生のカクミガシ類やブナ属,あるいはナンキョクブナ属によく似た三稜形(プロトファガケア属では殻斗内中央に位置する果実はレンズ形)の果実を持ち,殻斗

は4枚の裂片から構成され，ひとつの殻斗内に複数（プロトファガケア属では3個，アンティクアクプラ属では6個）の果実を含んでいた．花については，プロトファガケア属では，6枚の**花被片**と12本の雄しべを持つ雄花が3〜7個密集して二出集散花序に着いていたこと，また，アンティクアクプラ属では，雄花と両性花が発見され，雄花は6枚の花被片と12本の雄しべを持つこと，両性花は子房下位で3本の花柱を持つことなどが報告されている．このような形態学的特徴は，現生のブナ科やナンキョクブナ科の花や果実，殻斗の特徴と一致している．

　日本でも，白亜紀後期のコニアシアン期の地層である双葉層群（福島県）から，ブナ目の果実化石が発見されている (Takahashi et al. 2008；高橋2017)．アルカエファガケア属 *Archaefagacea* と名付けられたこの植物の果実は，ブナ属やカクミガシ属のような三角形の断面を持ち，中は3室に分かれ，各室に1個の種子が入っている．しかし，殻斗は発見されていない．現生のブナ科やナンキョクブナ科の果実に類似しているが，ブナ科が分岐する前の化石と考えられている．

　最近，ロシアでも白亜紀後期のカンパニアン期の地層から，コナラ属に似た葉を持つバリコビア属 *Barykovia* の化石が報告され (Moiseeva 2012)，さらに，マストリヒチアン期の地層からは，ファゴプシファイラム属 *Fagopsiphyllum* が報告されている (Gnilovskaya and Golovneva 2016)．ファゴプシファイラム属は，風散布型と考えられる果実を持つファゴプシス属 *Fagopsis* (Hollick 1909；Manchester and Crane 1983) に似た葉を持つが，果実を伴わないため別属とされているものである (Manchester 1999)．北米でも，マストリヒチ

アン期の地層からは，コナラ属やマテバシイ属の材の特徴を併せ持つパラクエルキナム属 *Paraquercinum* の材化石が報告されている（Wheeler et al. 1978）．

2 古第三紀——ブナ科植物の多様化と現生属の出現

　古第三紀は，現在よりも温暖で，熱帯〜亜熱帯の植物が高緯度地域まで広がっていたと考えられている．多様なヤシ科の植物など，現在，熱帯〜亜熱帯地域に見られる植物の化石が，高緯度地域から発見されている．被子植物の多様化も進み，現在，見られる科のほとんどがすでに出現していた（高橋 2006）．ブナ科に同定される化石種も，さらに多く出現するようになり，多様化が進んだと考えられる（表1-1）．これらの中には，多くの絶滅属が含まれる．現生属とよく類似した化石も見られるが，異なる点もあり，現生属との関係は解明されていないものが多い．その後，始新世になると，現生属に似た特徴を持つ化石がさらに多く報告されるようになり，シイ属，ブナ属，コナラ属など現生属に同定される化石も出現するようになる．

　北米では，古第三紀最初期の暁新生の地層から，葉の化石としてファゴプシファイラム属 *Fagopsiphyllum* が報告されている（Manchester 1999）．また，暁新生／始新世境界部の地層からは，ブナ科に同定される絶滅属として，現生のシイ属やトゲガシ属に近縁と推定されるカスタノプソイデア属 *Castanopsoidea* の果実序の化石，現生のカクミガシ属に類似したトリゴノバラノイデア属

表1-1 ● ブナ科およびブナ科に関連すると推定される化石．主な絶滅属と現生ロッパの各地域において最古と考えられる出現を示す．＊，論文では

属（和名）	属		代	紀
未命名	不明	絶滅	中生代	白亜紀（後期）
カスタノラディックス属	Castanoradix	絶滅	中生代	白亜紀（後期）
アルカエファガケア属	Archaefagacea	絶滅	中生代	白亜紀（後期）
アンティクアクプラ属	Antiquacupula	絶滅	中生代	白亜紀（後期）
プロトファガケア属	Protofagacea	絶滅	中生代	白亜紀（後期）
バリコビア属	Barykovia	絶滅	中生代	白亜紀（後期）
ファゴプシファイラム属	Fagopsiphyllum	絶滅	中生代	白亜紀（後期）
パラクエルキナム属	Paraquercinum	絶滅	中生代	白亜紀（後期）
ファゴプシファイラム属	Fagopsiphyllum	絶滅	新生代	古第三紀
カスタノプソイデア属	Castanopsoidea	絶滅	新生代	古第三紀
パレオユアケア属	Paleojuacea	絶滅	新生代	古第三紀
トリゴノバラノイデア属	Trigonobalanoidea	絶滅	新生代	古第三紀
ベリオファイラム属	Berryophyllum	絶滅	新生代	古第三紀
カスカディアカルパ属	Cascadiacarpa	絶滅	新生代	古第三紀
カスタネオイデア属	Castaneoidea	絶滅	新生代	古第三紀
カスタネオファイラム属	Castaneophyllum	絶滅	新生代	古第三紀
ドリオファイラム属	Dryophyllum	絶滅	新生代	古第三紀
ファゴプシファイラム属	Fagopsiphyllum	絶滅	新生代	古第三紀
クエルキニウム属	Quercinium	絶滅	新生代	古第三紀
トリゴノバラノプシス属	Trigonobalanopsis	絶滅	新生代	古第三紀
エオトリゴノバラヌス属	Eotrigonobalanus	絶滅	新生代	古第三紀
シイ属	Castanopsis	現生	新生代	古第三紀
ブナ属	Fagus	現生	新生代	古第三紀
ブナ属	Fagus	現生	新生代	古第三紀
コナラ属	Quercus	現生	新生代	古第三紀
コナラ属	Quercus	現生	新生代	古第三紀
コナラ属	Quercus	現生	新生代	古第三紀
アメントゲルディポレニテス属	Amentogerdiopollenites	絶滅	新生代	古第三紀
アメントプレキシポレニテス属	Amentoplexipollenites	絶滅	新生代	古第三紀
コントラクパリウス属	Contracuparius	絶滅	新生代	古第三紀
ファゴプシス属	Fagopsis	絶滅	新生代	古第三紀
シイ属	Castanopsis	現生	新生代	古第三紀
ブナ属	Fagus	現生	新生代	古第三紀
マテバシイ属	Lithocarpus	現生	新生代	古第三紀
マテバシイ属	Lithocarpus	現生	新生代	古第三紀
プシュードファグス属	Pseudofagus	絶滅	新生代	新第三紀
クリ属	Castanea	現生	新生代	新第三紀
クリ属	Castanea	現生	新生代	新第三紀
シイ属	Castanopsis	現生	新生代	新第三紀

属の最古の化石を示す．現生属については，北米，東アジア（中国・日本），ヨーカンパニアン期になっているが，後に訂正されている（高橋 2006 による）．

世または期	産出地域	化石部位	出典
チューロニアン期	北米	殻斗	Nixon et al. 2001
チューロニアン期	日本	材	Takahashi and Suzuki 2003
コニアシアン期	日本	果実	Takahashi et al. 2008
サントニアン期	北米	花，果実，殻斗	Sims et al. 1998
サントニアン期＊	北米	花，果実，殻斗	Herendeen et al. 1995
カンパニアン期	極東ロシア	葉	Moiseeva 2012
マストリヒチアン期	極東ロシア	葉	Gnilovskaya and Golovneva 2016
マストリヒチアン期	北米	材	Wheeler et al. 1987
暁新世	北米	葉	Manchester 1999
暁新世/始新世	北米	果実序の一部	Crepet and Nixon 1989a
暁新世/始新世	北米	雄花序	Crepet and Nixon 1989a
暁新世/始新世	北米	果実序，果実	Crepet and Nixon 1989a
始新世	中国	葉	周 1999
始新世	北米	果実，殻斗	Mindell et al. 2007
始新世	北米	雄花序	Crepet and Daghlian 1980
始新世	中国	葉	周 1999
始新世	ヨーロッパ	葉	Kvaček and Walther 1989
始新世	日本	葉	（Tanai 1995）Manchester 1999
始新世	北米	材	Wheeler et al. 1978
始新世	ヨーロッパ	葉，殻斗，果実	Kvaček and Walther 1989
始新世	ヨーロッパ	果実序，果実，殻斗，葉，花粉	Mai and Walther 1978, Denk et al. 2012
始新世	北米	果実	Manchester 1994
始新世	北米	果実，殻斗，葉	Manchester and Dillhoff 2004
始新世	中国	葉	周 1999
始新世	北米	花，果実，葉	Manchester 1994
始新世	ヨーロッパ	葉	Kvaček and Walther 1989
始新世	中国	葉	周 1999
漸新世	北米	花粉，雄花序	Crepet and Nixon 1989b
漸新世	北米	花粉，雄花序	Crepet and Nixon 1989b
漸新世	北米	殻斗，果実序	Crepet and Nixon 1989b
漸新世	北米	花序，花粉，果実，殻斗，葉	Manchester and Crane 1983
漸新世	ヨーロッパ	果実	Mai 1989
漸新世	ヨーロッパ	葉，殻斗	Kvaček and Walther 1989
漸新世	ヨーロッパ	葉	Kvaček and Walther 1989
漸新世	中国	葉	周 1999
中新世	北米	果実，殻斗，葉	Smiley and Huggins 1981
中新世	中国	葉	周 1999
中新世	北米	殻斗	Manchester 1999
中新世	中国	葉	周 1999

図 1-2 ●カスカディアカルパ属の殻斗と果実の断面. (Mindell et al. 2007).

Trigonobalanoidea の果実やの化石, ブナ亜科とクリ亜科の中間的な雄花序を持つパレオユアケア属 *Paleojuacea* の花粉や雄花序などの化石が発見されている (Crepet and Nixon 1989a). さらに, 始新世の地層からは, クリ属に似ているが, 2室からなる雌しべと1個の果実を持つカスカディアカルパ属 *Cascadiacarpa* の果実の化石 (図1-2) も報告されている (Mindell et al. 2007). これは**地下子葉性**と推定される最古のブナ科果実の化石である. そのほか, 現生のクリ属に似た花粉や雄花序を持つカスタネオイデア属 *Castaneoidea* (Crepet and Daghlian 1980) や, コナラ属に近縁と考えられるクエル

キニウム属 *Quercinium* の材化石 (Wheeler et al. 1978) も, 始新世の地層から発見されている.

さらに, 現生属の化石も出現するようになるのが, この時代の特徴である. Manchester and Dillhoff (2004) が, 北米西部の始新世中期の地層から報告したブナ属の1種ファグス・ランゲビニイ *Fagus langevinii* は, ブナ属としては, これまでに知られる最古の化石である (図1-3). 果実や殻斗, 葉や花粉の化石が発見され, 現生のエングラーブナやアメリカブナとの類似が指摘されている. また, シイ属の果実や殻斗, コナラ属の果実や殻斗, 雄花序, 葉の化石が発見されている (Manchester 1994).

ヨーロッパでは, 始新世の地層から, 現生のコナラ属 (常緑性と推定される) の葉の化石とともに, 絶滅属であるドリオファイラム属 *Dryophyllum* の葉や, トリゴノバラノプシス属 *Trigonobalanopsis* の葉や果実, 殻斗の化石 (Kvaček and Walther 1989), エオトリゴノバラヌス属 *Eotrigonobalanus* の葉や, 果実, 殻斗の化石 (Mai and Walther 1978) が発見されている. ドリオファイラム属は系統的にシイ属やマテバシイ属, カクミガシ属に類縁があると推定されている. トリゴノバラノプシス属は, 葉の形質からは現生のシイ属やカクミガシ属に似ている. また, Mai (1970) はヨーロッパの暁新生/始新世境界部の地層から発見された化石をカクミガシ属として報告したが, この種については, ブナ科ではあるものの, カクミガシ属とすることには疑問がもたれている (Manchester and Crane 1983; Kvaček and Walther 1989).

東アジアでも, 中国の始新世の地層から, ベリオファイラム属 *Berryophyllum* やカスタネオファイラム属 *Castaneophyllum* などの絶滅

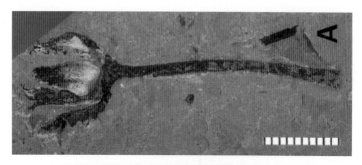

図1-3●ブナ属の最古の化石．ファグス・ランゲビニイ *Fagus langevinii* の果実序と葉の化石（Manchester and Dillhoff 2004）．

属の葉の化石とともに，現生のブナ属やコナラ属の葉の化石が発見されている（周 1999）．この時代，日本はまだ列島になっておらず，ユーラシア大陸の一部であった．現在の北海道に相当する地域の地層（石炭層）からはドリオファイラム属やファゴプシス属の葉とともに，コナラ属（コナラ亜属）の葉の化石も出現する（Tanai 1995）．一方，西南日本では，この時代の地層から，常緑性のブナ科（コナラ属，シイ属，マテバシイ属）の葉の化石が多産す

図1-4 ●ファゴプシス属のファゴプシス・ロンギフォリア *Fagopsis longifolia* の再現図 (Manchester and Crane 1983).

る（棚井 1992；植村 2006）．ブナ科以外の植物化石の出現状況を含め，日本列島に相当するユーラシア大陸東縁において，すでに緯度による植生帯の分化があったと考えられている．

古第三紀も，次の漸新世になる頃には気候が寒冷化し，熱帯性植物がしだいに減少するとともに，温帯性の植物や，乾燥気候に適応した乾生植物が増加したと考えられている．この時代の北米からは，風散布型の果実を着けていたと推定されるファゴプシス属 *Fagopsis*（Manchester and Crane 1983，図1-4）の様々な器官の化石が発見されている．また，コントラクパリウス属 *Contracuparius* の殻斗の化石，また，花粉属としてアメントゲルディオポレニテス属 *Amentogerdiopollenites* およびアメントプレキシポレニテス属

Amentoplexipollenites の化石も発見されている (Crepet and Nixon 1989b). 全て絶滅属で, コントラクパリウス属は, ブナ属とカクミガシ属をつなぐ系統的位置にあると推定されている.

一方, ヨーロッパでは, 始新世に引き続き, エオトリゴノバラヌス属やトリゴノバラノプシス属の化石が発見されている. さらに, 現生のシイ属に同定される果実の化石 (Mai 1989) や, ブナ属, マテバシイ属に同定される葉の化石が, ヨーロッパからも発見されるようになる (Kvaček and Walther 1989).

日本でも, 漸新世の地層からは, 前の時代よりもさらに多くのブナ科植物の化石が発見されている. 日本列島は, まだ誕生していなかったが, 大陸東縁に火山列が生じて隆起が始まり, 大陸の辺縁部が分離し始めた時期である. 始新世から漸新世に移る頃の地層である西日本の神戸層群 (始新世後期〜漸新世) からは, ブナ属に混じって, 常緑性のコナラ属 (カシ類) やクスノキ科の葉の化石が出現する (植村 2006). また, クリ属, シイ属, コナラ属 (コナラ亜属) の材化石が出現している (寺田・半田 2009). 一方, ほぼ同時代の北海道北見の地層からは, クリ属やさまざまなコナラ属 (コナラ亜属) の葉の化石が, メタセコイア, スイショウ, コウヤマキなどの針葉樹, クルミ科, カバノキ科などの落葉広葉樹とともに出現する (Tanai 1995；植村 2006). 現生のタイワンブナに似た, 小型で, 葉に短鋸歯を持つブナ属の化石も, すでに北海道や神戸の漸新世の地層から出現している (Tanai 1995；百原 1996). このように, 日本列島においても, 漸新世には, 現在見られるブナ科の属は揃っていたようだ.

以上のように, 古第三紀の始新世から漸新世にかけて, 北半球

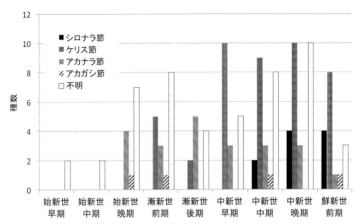

図1-5 ● ユーラシア大陸西部における始新世から鮮新世までのコナラ属の化石種の多様性の変化. Barrón et al. (2017) のFig.3.4 から作成. 属内の節については, 表2-5を参照のこと.

のほぼ全域で，現在，見られるブナ科の植物は，属レベルでほとんど出現していたと考えられる．一方，現在は見られない絶滅属も多いことから，ブナ科全体としては，現在のフロラとは異なったものであったと考えられる．多様性もかなり高かったようだ．最近，Barrón et al. (2017) は，ブナ科の中で最大の属であるコナラ属の化石について，世界各地で過去に記載された化石をレビューして，地球規模でのフロラ組成や多様性の変遷を明らかにしている．その中で，コナラ属の化石種の種多様性は，始新世晩期以降に急増したこと，その頃，すでに現在の属内分類群はかなり分化していたことが明らかにされている（図1-5）．

古第三紀，ユーラシアと北米の間で，どの程度，ブナ科フロラの共通性があったかについては，化石種の相互比較の難しさから，

わからない点が多い．しかし，ブナ属やコナラ属，クリ亜科やカクミガシ属に関連のある化石種が北米とユーラシアにすでに出現することから，陸橋を経由した移動により，始新世頃までには，大陸間である程度，共通したブナ科フロラが形成されていたと考えられている（周 1999）．また，最近，Denk et al. (2012) は，中部ヨーロッパの漸新世の地層から発見される花粉化石を，同時に見つかる葉の化石および北米やアジアから見つかる同時代の化石と関連付けて解析し，エオトリゴノバラヌス属は，北米から見つかるドリオファイラム属やアメントプレキシポレニテス属，ベリオファイラム属と類似していること，また，北米のアメントゲルディオポレニテス属の花粉化石と類似する化石がヨーロッパからも見つかることなどを指摘している．北部大西洋に存在した陸橋を介して，ユーラシアと北米の間で植物が移動し，フロラの共通性が形成されていたと推定されている．

3 新第三紀――気候の寒冷化に伴う針葉樹・落葉樹混交林の拡大とブナ科フロラの変遷

　その後，新第三紀（中新世～鮮新世）に入ると，地球規模で，一層，気候が寒冷化し，常緑広葉樹が卓越する熱帯林が優勢な時代から，針葉樹と落葉広葉樹の混交林が広がる時代へと変化していく（高橋 2006）．フロラも現生に近いものになっていく．これに対応し，ヨーロッパでは常緑性のブナ科の植物が，落葉性のコナラ属の植物やクリ属の植物へと置き換えられていく（Kvaček and Walther 1989）．この時代については，日本列島に焦点を絞り，

ブナ科の植物相と植生の変遷を見ていこう.

漸新世に続く新第三紀中新世のはじめ, 日本列島は, まだ大陸とつながっていたが, 東北日本弧と西南日本弧が回転して日本海が大きく開き始め, 中新世の後半には, 大陸東縁に隣接した浅海中の多くの島へと変化する. この時代の植物化石として, 新旧2つの植物群, 古い時代の阿仁合型植物群と新しい時代の台島型植物群が知られている (Tanai 1961;藤岡 1963;植村 2006). 前者は, 日本海に相当する湖水盆の東縁部の地層から知られるものでヤナギ科, クルミ科, カバノキ科, ブナ科, ニレ科, カエデ科, トチノキ科などの落葉広葉樹が優占する (棚井 1992;植村 2006). ブナ科の植物としては, ブナ属とコナラ属が出現する. 常緑樹をほとんど含まないことが特徴である. 一方, 後者は列島が小さな島々に分離していた時代の地層から知られ, ブナ科, クスノキ科, マンサク科, マメ科などの多様な常緑樹とともに, クルミ科, カバノキ科, ニレ科などの落葉樹, マツ科やスギ科などの針葉樹を含む (棚井 1992). ブナ科の植物としては, クリ属, シイ属, コナラ属 (コナラ亜属およびアカガシ亜属) が出現する. また, 針葉樹として, 現生種のウラジロモミやオオシラビソ, マツハダ, ゴヨウマツ, クロベ, アスナロに同定される種が出現する. 植生の垂直分布帯が分化し, 低地にはブナ科やクスノキ科, ツバキ科などからなる常緑広葉樹, 山地の中腹にはリボケドゥルス属 *Libocedrus*, ユサン属 *Keteleeria*, セコイア属 *Sequoia* などの針葉樹が, 沢筋にニレ科やクルミ科, カエデ科などの落葉樹を伴いながら分布し, さらに, 高所にはゴヨウマツやアスナロ属, トウヒ属などの針葉樹とカバノキ属, カエデ属の落葉樹が分布していたと推定

されている (Momohara 2018).

その後，後期中新世になると，日本海がさらに広がり，現在につながる日本列島の骨格が形成された．土地の隆起が著しくなり，山脈が形成され，気候的にも寒冷化が進んだ．この時代の植物群は三徳型植物群として知られている．タイワンブナやテリハブナによく似たムカシブナ（百原 1996）が多産することが特徴で，カバノキ科，ブナ科，ニレ科，カエデ科などの落葉樹も多く温帯的な種組成を示す一方，台島型植物群と共通する常緑樹も残っていることが特徴である．さらに，種レベルでも現生種に同定できる種が多数，含まれる（植村 2006）．現在の日本列島にかなり近い植物相がすでに形成されつつあったと考えられる．

次の鮮新世の植物相は，それ以前の植物相と大きな変化は無いが，北日本では落葉樹が多くて常緑樹はほとんど出現せず，また，フウやイヌカラマツ，メタセコイアなどの第三紀遺存属，いわゆるメタセコイア植物群も少ない（棚井 1992）．一方，関東以西の地域では，北日本と比べて構成種が多様で，常緑広葉樹も多様なものが含まれる（棚井 1992）．第三紀遺存属も豊富であるが，これらは，後期鮮新世から中期鮮新世にかけて，列島各地で段階的に絶滅し，植物相は，さらに現代に近いものへと変化していく（Momohara 1994）．

4 | 化石から見たどんぐりと動物との共進化

次に少し視点を変えて，化石から，どんぐりと動物との関係に

ついて見てみよう．どんぐり，すなわちブナ科の**堅果**は，哺乳類や鳥類によって**分散貯蔵**されることによって散布されることを特徴としている（第6章参照）．ブナ科のほかクルミ科などでも見られる分散貯蔵型の堅果は，風など非生物的な要因によって散布される果実から進化したと考えられている．Tiffney (1986) は，マンサク上綱 Hammamelidae（ブナ科も含まれる）の植物化石の報告をレビューし，これらの植物群は，白亜紀に最も多様化し，ブナ科やクワ科など一部の科を除き，当時の"祖先的な"種は非生物的な散布様式を持っていたと推定している．しかし，古第三紀に入ると，ブナ科やクルミ科では，動物散布が卓越するようになり，また同様の変化がクワ科やセクロピア科，イラクサ科，ニレ科でもあったと推定している．これは，陸生の小型哺乳類や鳥類，コウモリ類が同時期に多様化したことに対応している．ブナ科について，上述のように，現生属は古第三紀の始新世から漸新世にはすでに出現していたことが，化石の研究からも明らかにされている．この時代に，これらの動物群との**共進化**により多様化し，繁栄するようになったのではないかと考えられる．

さらに Larson-Johnson (2016) は，ブナ目（ナンキョクブナ科，ブナ科，ティコデンドロン科，カバノキ科，ヤマモモ科，クルミ科）の全ての現生属に主要な化石属を加えて，分子系統解析と外部形態の比較によって系統群の進化を推定し，**種子散布**様式の進化と，散布様式の違いが種分化率や分布域の拡大に与える影響について調べた．まず，特定の散布様式を持たない祖先型から風散布型の種が進化し，ブナ目の成功の基礎となったと考えた．その後，白亜紀後期から古第三紀の初期にかけて，鬱蒼とした森林植生の

発達と散布動物（小型哺乳類や鳥類等）の多様化を背景に，動物散布型（分散貯蔵型および被食散布型）の種が7回，独立に進化したと推定している．ブナ科は，ほとんどの属が動物散布型であるが，ファゴプシス属（絶滅属）のみが風散布型で，これは動物散布型の祖先種から風散布型に，逆に進化したと推定されている．また，動物散布型の属のほうが風散布型の属に比べ，分布域が広く，種分化率が高いと推定されている．

前述したように，ブナ科に同定される植物は白亜紀に出現し，古第三紀初期にすでに多様化していたが，現生の属が出そろい，それ以前の属に置き換わっていくのは，始新世後期以降である．この時期は，生態的にブナ科植物と関連の深い小型哺乳類の種類も大きく変化した時代である点は興味深い．すなわち，白亜紀に繁栄していた多臼歯類が急速に衰え，新たに出現した**げっ歯類（齧歯類）**に置き換えられていくのが，暁新生〜始新世にかけてである（サベージ 1991；富田ほか 2002）．

多臼歯類はネズミやリスによく似た小型哺乳類で，中生代ジュラ紀後半に出現し，白亜紀〜古第三紀はじめにかけて繁栄した草食性哺乳類で，現生のげっ歯類とよく似た生態的ニッチを占めていたと推定されている．しかし，げっ歯類を特徴づける鋭い門歯を持たない．現生の哺乳類は，多臼歯類とは別の系統に属する汎獣類から進化してきたと考えられている（サベージ 1991）．門歯は，げっ歯類がどんぐりを食べる上で欠かせない歯である．それを持たない多臼歯類は，ブナ科植物の進化や多様化には，あまり関わっていないのかもしれない．

これに対し，現在，最も繁栄している哺乳類であるげっ歯類は，

新生代が始まる頃に出現し，その後，古第三紀の始新世中期から漸新世前期にかけて急速に多様化したことが化石の研究から裏付けられている (Dawson 2003)．この多様性増加パターンは，ブナ科の化石種の増加パターン (図1-5) とよく一致している．げっ歯類を含む現生の哺乳類が，この時代に多様化して広がった背景としては，始新世末から漸新世にかけて気候が寒冷化し，森林植生が地球規模で大きく変化したことが指摘されている (Janis 1993)．ブナ科の植物は生態的にげっ歯類と切っても切れない関係にある (第6章参照)．始新世後期以降のブナ科植物の現代化と多様化は，げっ歯類との共進化によって，はじめて可能になったといえるかも知れない．

どんぐりとげっ歯類との関係を示す直接的に示す化石が，ドイツの中新世の地層から発見されている．この化石は，地中の穴と考えられる中にシイ属の堅果がまとまっているもので，げっ歯類が貯蔵した堅果と考えられている (図1-6; Gee et al. 2003)．

一方，鳥類の中での最も主要な散布者は，カラス科の鳥類 (カケス属，アオカケス属，アメリカカケス属，ホシガラス属，カラス属など) である．カラス科の鳥類は知能が高く，最も進化した鳥類とも言われているが，その出現は比較的新しく，新第三紀中新世以降である．このことから，カラス科の進化よりはブナ科の堅果の進化が，まず先にあり，その後，カラス科が重要な散布者になったと考えられている (Vander Wall 2010)．

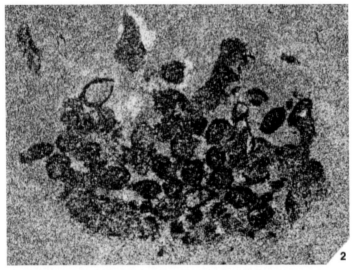

図1-6 ●地中の穴にまとめて集められたシイ属と推定される果実の化石.ドイツの新第三紀中新世の地層から発見された(Gee et al. 2003).

コラム❶　世界最大のどんぐりは？

　博物館に勤めていた頃に，展示や観察会で世界のどんぐりの話をすると，きまって，世界最大のどんぐりは何ですか？という質問を受けた．世界最大という称号は，よほど人の関心をひくものらしい．その度に回答してはきたが，じつは，どんぐりを大きさの順に並べるのは結構，難しい．

　ひとつには，どんぐりの場合，果実と殻斗がセットになっており，果実だけを測るのか，殻斗も一緒に測るのかによって答えが異なってくるためである．果実だけを測れば良いという意見がありそうだが，果実と殻斗がしっかりとくっついたまま，果実が熟しても分離しない種も多数あるので，単純な比較はできない．また，果実や殻斗の大きさには種内変異があり，日本産の種でもコナラなどは変異が大きいが，熱帯性の種では，変異がずっと大きい．また，成長に伴って大きさは変化するので，比較するには成熟したどんぐり同士を比べる必要がある．しかし，そのどんぐりが成熟しているかどうか，外見からは中々，わからない．沢山の植物標本を見て大きさを比べればよいとも考えられるが，標本にする場合，標本台紙に貼り付けるための制約があり，大きなどんぐりの場合，同時に採集した同一個体の果実の中から，手頃サイズの果実を選んで標本にすることが多いので，必ずしも種類ごとの最大値はわからない．さらに，マテバシイ属やシイ属は長い枝に多数の殻斗が密集して着くものがあり，大きな塊となる．これをどう考えるか，悩ましい．

　このように，世界最大のどんぐりを決めるのは中々，難しいが，日本で見るどんぐりのイメージからすると，驚くような巨大などんぐりが，世界にはある．特に，ボルネオ島には，巨大などんぐりを着ける種がたくさんある．もっとも，殻斗や，堅果の果皮やへそが

厚く大きくなっているだけで,中の種子は,それほど巨大化しているわけではない.おそらく,ボルネオ島では,どんぐりを餌とする哺乳類が多様で,身体も大きなものが多いので,種子を食べられるのを防ぐため,巨大化したのだろうと思われる.以下に,世界の巨大どんぐりを紹介していこう.

1. リトカルプス・カルクマニイ Lithocarpus kalkmanii （口絵1）

　堅果は完全に殻斗に包まれている.球形の殻斗は直径約10cm,ちょうどソフトボールぐらいの大きさでずっしりと重い.森の中に落ちていても,知らなければ,どんぐりとは思わないだろう.殻斗を含めれば,世界最大と思われる.中の堅果も球形で,直径は約7cm,表面の大部分は,皺のある厚いへそとなっており,果皮は頂部にわずかに残るだけである.分布：ボルネオ島.

　同じくボルネオに分布するリトカルプス・トゥルビナトゥス *L. turbinatus*（口絵2）とリトカルプス・ハリエリ *L. hallieri*（口絵3）も,良く似た殻斗と堅果を着ける.良く見ると,殻斗表面のすじ（合着した鱗片）の走り方や,中の堅果の形が,少しずつ異なっている.リトカルプス・トゥルビナトゥスの殻斗と堅果は大きく,リトカルプス・カルクマニイとほぼ同じくらいになる.一方,リトカルプス・ハリエリはやや小型である.それでも重く,枝先に頂生するため,枝全体が垂れ下がる.

2. リトカルプス・パルンゲンシス Lithocarpus palungensis（口絵4）

　独楽のような逆円錐形をした堅果の周りを,トゲ状の多数の鱗片に被われた殻斗が厚く包んでいる.堅果の頂部は平たく,殻斗から露出する.殻斗のトゲの先端が黄色を帯びているのが特徴的である.殻斗の直径は7cm以上になる.ごつい殻斗は,哺乳類に食べられないための工夫だろう.分布：ボルネオ島.

近縁のリトカルプス・プルチェル *L. pulcher* も，ほぼ同じサイズの，良く似た果実を着けるが，殻斗の鱗片は，本種のようなトゲにはならない．

3．リトカルプス・アウリクラートゥス *Lithocarpus auriculatus*（口絵5）
　長さ20cmに達する**果実序**に，直径4cmほどの殻斗と果実が塊りになって着く．本種は葉も巨大で，長さ40cmに達する．分布：ミャンマー，タイ，ラオス，ベトナム．
　本種に近縁で，広い分布域を持つリトカルプス・エレガンス *L. elegans* も，やや小型だが，多数の堅果を，ブドウの房のような長さ15cmほどの果実序に着ける（口絵6）．分布が広いので地域により変異が大きい．写真はボルネオ島のグヌン・ムル国立公園で撮影した果実．

4．カスタノプシス・パウキスピナ *Castanopsis paucispina*（口絵7）
　枝先に着く殻斗は，長径7cmほどあり，平たく堅いとげがある．中の堅果は1個で，その表面は大部分が皺のある厚いへそである（図6-2）．分布：ボルネオ島．

6．カスタノプシス・イネルミス *Castanopsis inermis*（口絵8）
　個々の殻斗は直径数cmほどだが，果序の軸に集まって着き，互いに癒合してカリフラワーのような巨大な塊となることがある．個々の殻斗の中には，1〜4個のクリの実のような形をした堅果が入っている．分布：マレー半島，スマトラ島，ボルネオ島

7．カスタノプシス・モトレヤナ *Castanopsis motleyana*（口絵9）
　クリのようなイガとなる殻斗は直径数cmほどだが，果序の軸に

集まって着き，全体が 20cm 以上の長円形の，巨大なイガとなる．個々の殻斗の中には，クリの実のような形をした堅果が，1〜4個入っている．分布：ボルネオ島，フィリピン

8．クエルクス・インシグニス *Quercus insignis*（口絵 10）
　やや平たい堅果は直径 8 cm ほどあり，底部は平坦で皿状の殻斗の上に着いている．成熟時，殻斗に被われない単一の堅果としてはおそらく世界最大であろう．分布：メキシコ，ホンジュラス，グアテマラ．

9．クエルクス・ラメロサ *Quercus lamellosa*（口絵 11）
　ヒマラヤ山腹の雲霧帯に生えるカシの仲間．堅果は直径 7 cm になる厚い殻斗に被われたまま散布される．中の堅果は比較的，小さく，直径 3 cm ほどである．分布：ネパール，インド，ブータン，ミャンマー，タイ，中国

10．クエルクス・イタブレンシス・マクロレピス *Quercus ithaburensis*
　　ssp. *macrolepis*（口絵 12）
　クヌギと同じケリス節に属するナラ．平たい鱗片が長く伸びた殻斗は直径 5 cm 以上になり，堅果の基部を被う．分布：イタリア南部，ギリシャ，トルコ．シリア，レバノン．

第 II 章 | *Chapter II*

ブナ科植物の多様性

1 | ブナ科植物の分類

　ブナ科の分類については様々な見解があったが，従来の研究では，ブナ亜科，コナラ亜科，クリ亜科の3亜科に分けることが多かった（表2-1）．これは，雌しべの**柱頭**の形態，子葉の形態や発芽様式の違いなどを重視したものである．その後，Crepet（1989）およびNixon（1989）は，ナンキョクブナ科を新設してナンキョクブナ属 *Nothofagus* はこちらに移し，ブナ亜科とコナラ亜科を統合してブナ亜科とし，残りをクリ亜科とする体系を提案した．また，カクミガシ属 *Trigonobalanus* に含まれていた3種は，それぞれ別の属，コロンボバラヌス属 *Colombobalanus*，フォルマノデンドロン属 *Formanodendron*，狭義のカクミガシ属 *Trigonobalnus* に分けられた（表2-1, Nixon and Crepet 1989）．ナンキョクブナ科とブナ科を分けることは，その後の分子系統学的研究（APG　2009）によっても支持され，現在では定説となっている．

　一方，ブナ科全体を対象とした分子系統学的解析が Oh and Manos（2008）により行われている．これによれば，ブナ属 *Fagus* と広義のカクミガシ属が最も祖先的な属として最初に分岐し，カ

表 2-1 ブナ科の伝統的分類体系.

Ørsted 1867, Forman 1964, Soepadmo 1972	Crepet 1989, Nixon 1989
	ナンキョクブナ科
	ナンキョクブナ属 *Nothofagus*
ブナ科 Fagaceae	ブナ科 Fagaceae
ブナ亜科 Fagoideae	ブナ亜科 Fagoideae
ブナ属 *Fagus*	ブナ属 *Fagus*
ナンキョクブナ属 *Nothofagus*	コナラ属 *Quercus*
コナラ亜科 Quercoideae	カクミガシ属（狭義） *Trigonobalanus*
コナラ属 *Quercus*	コロンボバラヌス属 *Colomobobalanus*
カクミガシ属（広義） *Trigonobalanus*	フォルマノデンドロン属 *Formanodendron*
クリ亜科 Castaneoideae	クリ亜科 Castaneoideae
トゲガシ属 *Chrysolepis*	トゲガシ属 *Chrysolepis*
クリ属 *Castanea*	クリ属 *Castanea*
シイ属 *Castanopsis*	シイ属 *Castanopsis*
マテバシイ属 *Lithocarpus*	マテバシイ属 *Lithocarpus*

クミガシ類はブナ属を除く他の全ての属の祖先的な属として位置付けられることとなった（図 2-1）．また，コナラ属 *Quercus* が，ブナ属ではなくクリ亜科に近縁で派生的な属として位置づけられた点も，従来の分類体系と大きく異なる点である．さらに，分子系統解析や花粉形態の比較研究の結果，北米に分布するマテバシイ属 *Lithocarpus* の 1 種（*Lithocarpus densiflorus* (Hooker & Arnott) Rehder）は，アジアのマテバシイ属とは別系統で，むしろコナラ属に近縁であることがわかり，新属ノトリトカルプス属（*Notholithocarpus densiflorus* (Hook. & Arn.) Manos, Cannon & S. Oh）として位置づけられることとなった（Manos et al. 2008）．以上の分子系統の結果が正しいとすれば，科内の分類，特に亜科の区分については見直しが必要である．

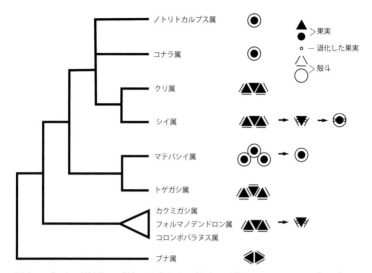

図 2-1 ●ブナ科植物の系統と果実および殻斗の形態．Manos et al.（2008）を改変して作成．

2 | 多様性の地理的パターン

　現在，ブナ科の植物は北半球の各地に広く分布し，南半球の一部にも見られる．ただし，ユーラシア大陸の中央部では，ヒマラヤ山脈沿いに細く分布するのみで，中東で分布が途切れる．また，インド亜大陸には分布しないことも特徴である（図2-2上）．

　種の多様性は，地域により大きな違いがある（図2-2下）．最も高いのはアジアである．ここには，ブナ科10属のうち，トゲガシ属とノトリトカルプス属，コロンボバラヌス属を除く7属が全て見られる．種数も多く，特には熱帯，亜熱帯地域で種多様性が

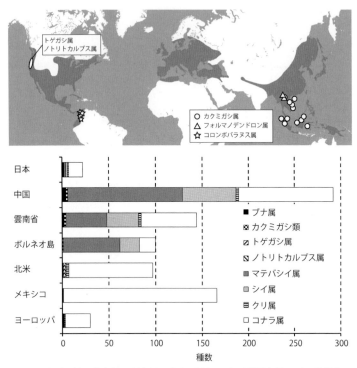

図2-2 ●ブナ科の分布域と稀少属の分布(上)および世界各地のブナ科植物の多様性(下).

高い.地域ごとに見ると,**マレシア**熱帯では特にマテバシイ属の種数が多いのが特徴である.一方,中国では,シイ属とマテバシイ属,コナラ属が拮抗した種数を示す.北から南へ向かうほど,また東から西へ向かうほど,ブナ科の種多様性が高まる傾向にあり,中国南西部に位置する雲南省において最も高い.雲南省の面積は39万4000 km²で,日本(37万8000 km²)と大差ないが,雲

図 2-3 ●クエルクス・フンボルディイ *Q. humboldtii*. コナラ属アカナラ節の常緑樹で，シラカシのような細長い葉を持つ．枝先に，殻斗に被われた幼果が着いている．コロンビア・ボゴタ植物園．

南省から報告されているブナ科の種数は 178 種で (Huang et al. 1999)，日本（22 種）の約 8 倍である．

アジアの次にブナ科植物の種多様性が高いのは北・中米である．ここでは，コナラ属が非常に多様化していることに特徴がある．特にメキシコからは非常に多くの種 (160-165 種，Nixon2006) が知られている．また，北米の西部太平洋岸地域は，ブナ科の種数はさほど多く無いが，遺存的と考えられるトゲガシ属とノトリトカルプス属が分布し，コナラ属プロトバラヌス**節** sect. *Protobalanus* の分布もここに限られるなど，独自のブナ科フロラが見られる重要な地域である．種多様性の最も高いメキシコ南部から，さらに中

米各地へ南下していくと種多様性は次第に低下し，南米北端のコロンビアに至ると，コナラ属の1種クエルクス・フンボルディイ *Q. humboldtii*（図2-3）が分布するのみとなる．本種の分布域が，新大陸におけるブナ科植物の南限となり，南米大陸の大部分にブナ科は分布しない．コロンビアの山地は，コロンボバラヌス属が固有分布することからも注目すべき地域である．また，カリブ海の島嶼では，キューバ西部に1種（クエルクス・サグラエアナ *Q. sagraeana*）のみが分布する（Gugger and Cavender-Bares 2011）．

アジアや北・中米と比較すると，ヨーロッパに分布するブナ科の種ははるかに少なく，30種に留まる（Tutin et al. 1964）．ブナ属2種とクリ属1種を除くと他は全てコナラ属である．

アフリカには北西部の地中海沿岸（モロッコ，アルジェリア，チュニジア，リビア）にコナラ属8種1亜種が分布する（Govaerts and Frodin1998）．そのうち7種はヨーロッパの地中海沿岸地域と共通種である．唯一のアフリカ固有種クエルクス・アファレス（*Q. afares*）は，アルジェリアとチュニジアの山岳地域に分布している．

3 | 日本列島における多様性の特徴

日本に分布するブナ科の植物は5属22種1亜種3変種である（表2-2）．22種の約2/3はコナラ属が占め，アジアの熱帯，亜熱帯域で多様な種が見られるシイ属，マテバシイ属は各2種が分布するに過ぎない．また，コナラ属では，コナラ亜属とアカガシ亜属が拮抗した種数を持ち，落葉樹と常緑樹の種数も拮抗している．

表 2-2 日本産のブナ科の植物．22種1亜種3変種．品種，雑種は含まない．

No.	種	属/亜属	生活形	成熟までの期間	分布
1	イヌブナ	ブナ属	落葉	1年	日本固有：本州〜九州
2	ブナ	ブナ属	落葉	1年	日本固有：北海道南西部〜九州
3	シリブカガシ	マテバシイ属	常緑	1年半	本州〜九州・台湾・中国
4	マテバシイ	マテバシイ属	常緑	2年	日本固有：九州・南西諸島
5	コジイ	シイ属	常緑	2年	本州〜九州・済州島
6a	スダジイ	シイ属	常緑	2年	本州〜九州・屋久島・済州島
6b	オキナワジイ	シイ属	常緑	2年	日本固有：南西諸島（奄美以南）
7	クリ	クリ属	落葉	1年	北海道南西部〜九州・朝鮮半島
		コナラ属			
8	アベマキ	コナラ亜属	落葉	2年	本州〜九州・台湾・中国
9	カシワ	コナラ亜属	落葉	1年	北海道〜九州・南千島・朝鮮・台湾・中国
10	クヌギ	コナラ亜属	落葉	2年	本州〜九州・朝鮮・台湾・中国・ヒマラヤ・インドシナ
11	コナラ	コナラ亜属	落葉	1年	北海道〜九州・朝鮮・台湾・中国
12	ナラガシワ	コナラ亜属	落葉	1年	本州〜九州・朝鮮・台湾・中国・ヒマラヤ・インドシナ
13a	ミズナラ	コナラ亜属	落葉	1年	北海道〜九州・南樺太・南千島・朝鮮・中国北部
13b	ミヤマナラ	コナラ亜属	落葉	1年	本州北部（多雪地）
13c	フモトミズナラ	コナラ亜属	落葉	1年	本州（関東北部・東海）
14	ウバメガシ	コナラ亜属	常緑	2年	本州〜九州・南西諸島・台湾・中国
15	アカガシ	アカガシ亜属	常緑	2年	本州〜九州・朝鮮
16a	アラカシ	アカガシ亜属	常緑	1年	本州〜九州・済州島・台湾・中国・ヒマラヤ・インドシナ
16b	アマミアラカシ	アカガシ亜属	常緑	1年	日本固有：南西諸島（奄美以南）
17	イチイガシ	アカガシ亜属	常緑	1年	本州〜九州・済州島・台湾・中国
18	ウラジロガシ	アカガシ亜属	常緑	1年	本州〜九州・南西諸島・台湾・済州島
19	オキナワウラジロガシ	アカガシ亜属	常緑	2年	日本固有：南西諸島（奄美以南）
20	シラカシ	アカガシ亜属	常緑	1年	本州〜九州・済州島・台湾・中国
21	ツクバネガシ	アカガシ亜属	常緑	2年	本州〜九州・台湾・中国
22	ハナガガシ	アカガシ亜属	常緑	2年	日本固有：九州・四国

このようなブナ科フロラの構成は，日本列島の植生帯上の位置，すなわち常緑広葉樹林帯と落葉広葉樹林帯の境界部に位置するという特徴によく合致している．植物地理学的には，中国，台湾と共通して分布する種が多い．また，ミズナラのように極東ロシア

との関連性を示す種もある．一方，固有種も5種あり，特にブナ属は2種とも固有種である．

日本で最も温暖な南西諸島では，本来，ブナ科の種多様性も高くてよいはずであるが，奄美以南の南西諸島に見られるブナ科は6種（マテバシイ，オキナワジイ，オキナワウラジロガシ，アマミアラカシ，ウラジロガシ，ウバメガシ）に過ぎず，このうち優占林を形成するのはオキナワジイ，オキナワウラジロガシ，アマミアラカシの3種に過ぎない．九州以北の日本列島と比べ，ブナ属，コナラ属コナラ亜属の落葉広葉樹，およびアカガシ亜属のうち中国や台湾にも分布するイチイガシ，ウラジロガシ，シラカシ，ツクバネガシを欠いている．これは，南西諸島の地史に起因する点が大きいと考えられる（コラム5を参照）．

日本産の種の中では，オキナワウラジロガシが飛びぬけて大きな堅果を持つ．南西諸島の固有種であり，どのような起源を持つのか気にあるところだが，よくわかっていない．Kamiya et al.（2003）による葉緑体DNAを用いた解析では，アカガシやイチイガシなど日本産コナラ属アカガシ亜属の種と同じグループに入っている．

オキナワウラジロガシを除くと，日本産のどんぐりは小型のものが多く，かつ大きさがよく揃っていることに気付く．東南アジアや中国産のどんぐりが示す形態的多様性には遠く及ばない．日本列島は常緑性のブナ科植物の北限に近いため，植物の物質生産上の制約があることや，散布者となる動物が，比較的少数の種に限られるなどの生態学的背景があると予想されるが（第6章参照），よくわかっていない．

4 各属の分布と分類

(1) トゲガシ属・ノトリトカルプス属

　ブナ科の中で、最も分布が狭いのがトゲガシ属 Chrysolepis とノトリトカルプス属 Notholithocarpus である。どちらも北米西部の温帯域、カリフォルニア州を中心にオレゴン州とワシントン州の一部にしか分布しない。この地域は、生物多様性のホットスポットとして有名で、針葉樹のセコイアやセコイアデンドロンに代表される遺存的な固有種が分布する地域である。トゲガシ属とノトリトカルプス属も、この地域にだけ生き残ってきた**遺存固有**種と考えられている (Manos et al. 2008)。

　トゲガシ属には、クリソレピス・クリソフィラ Chrysolepis chrysophylla (図 2-4) とクリソレピス・センペルビレンス C. sempervirens の (図 2-5) 2種が知られている (Nixon 1997)。前者は、主に海抜1500m以下の低地に分布し、高木となる基準変種 var. chrysophylla と、海抜1000〜3000mの乾燥地に分布し、低木にしかならない1変種 var. minor に分けられている。クリソレピス・センペルビレンスは低木である。トゲガシ属はクリによく似たイガ状の殻斗を着けるが、クリと異なるのは、イガの内部に仕切りがあって、いくつもの部屋に分かれていることである。各部屋に果実が1個づつ入っている。

　ノトリトカルプス属にも、高木になる基準変種ノトリトカルプス・デンシフロールス Notholithocarpus densiflorus var. densiflorus (図 2-6)

図2-4 ●トゲガシ属のクリソレピス・クリソフィラ *Chrysolepis chrysophylla* の枝葉と殻斗．カリフォルニア州ボリナス．写真：大場達之．

の他に，乾燥地に分布し，低木にしか成長しない1変種 var. *echinoides* が知られている．ノトリトカルプス属は，コナラ属のような椀形の殻斗とやや細長い果実を着ける．

（2） カクミガシ類（広義のカクミガシ属）

カクミガシ類に含まれる3属は，いずれも，熱帯山地のごく限られた場所に点々と分布することが特徴である．いずれの種も絶滅が危惧されている．まず，コロンボバラヌス・エクセルサ *Colombobalanus excelsa*（図2-7）が分布するのは，南米のコロンビアである（図2-2上）．現状では，アンデス山中の5カ所にしか分布

第Ⅱ章 ブナ科植物の多様性

図 2-5 ●トゲガシ属のクリソレピス・センペルビレンス *Chrysolepis sempervirens* の枝葉と殻斗．低木である．カリフォルニア州ヨセミテ国立公園．写真：徳永桂子．

が確認されていない（Aguirre-Acosta et al. 2013）．個体群の更新も懸念されている危急種である（Aldana et al. 2011）．次に，フォルマノデンドロン・ドイチャンエンシス *Formanodendron doichangensis*（図2-8）も，中国南西部とタイ北部に分布が限られている（図2-2 上）．これらの種と比べると，狭義のカクミガシ，すなわちトリゴノバラメス・ヴァーティキラータ *Trigonobalanus verticillata*（図2-9）は，比較的，広い範囲に分布する．以前から，マレー半島，ボルネオ島，スマトラ島，スラウェシ島の熱帯山地に点々と分布することが知られていたが，近年になって，海南島（Ng and Lin 2008）やベ

図2-6 ●ノトリトカルプス属のノトリトカルプス・デンシフロールス *Notholithocarpus densiflorus* の枝葉と殻斗,カリフォルニア州ウッドサイド.写真：大場達之

図2-7 ●南米のカクミガシ類,コロンボバラヌス・エクセルサ *Colombobalanus excelsa*,コロンビア・サンタンデール県.写真：大場達之

図2-8 ●中国のカクミガシ類．フォルマノデンドロン・ドイチャンエンシス *Formanodendron doichangensis*．スキャン画像：大野啓一．

トナム中部（http://english.vietnamnet.vn/fms/science-it/123461/vietnam-vows-to-conduct-scientific-research-at-biosphere-reserves.html），さらに，中国雲南省南部のシーサンバンナでも発見され（Zhu and Zhou 2017），本種が，マレシア熱帯だけでなく，東南アジアの熱帯全域に広く分布することが明らかとなった（図2-2上）．ただし，広く分布するといっても分布域内で連続した分布を示すのでは無く，小さな集団が分布域内に点々と**隔離分布**しているのである．

カクミガシ類の3種は，分子系統解析の結果からは，単系統であることが確認されている（Manos and Stanford 2001）．カクミガシ類は，三稜形の果実，殻斗裂片は不完全にしか果実を被わないこ

図2-9 ●マレシア熱帯のカクミガシ類,トリゴノバラヌス・ベルティキラータ *Trigonobalanus verticillata*,マレーシア・クチン近郊(ボルネオハイランド).

と,花序の形態などから,ブナ科の中で最も祖先的なグループとみなされてきた(Forman 1964 ; Nixon and Crepet 1989).実際,現生のカクミガシ類には同定されていないものの,近縁と推定される化石(トリゴバラノイデア属やトリゴバラノプシス属)は,古第三紀の北米やヨーロッパから広く知られ,その起源が古いことを裏付けている(第Ⅰ章参照).分子系統解析(Oh and Manos 2008)の結果からも,ブナ属を除く他の全ての属の祖先的な属として位置付けられることが示されている(図2-1).

カクミガシ類で興味深いのは,いずれの種も,地理的に小集団が点々と隔離分布することに加え,垂直分布が熱帯山地下部に限

図2-10 ●コロンボバラヌス・エクセルサ *Colombobalanus excelsa* の樹形．牧場内に切り残されていた．コロンビア・サンタンデール県，写真：大場達之

られ，熱帯低地や熱帯山地上部には分布しないことである．植生帯としてみれば，フタバガキ科を主体とする熱帯低地林とブナ科植物の多い熱帯山地林との境界部に相当する．植物間の競争が緩和される2つの植生帯の境界部に遺存的に生き残ってきたのであろう．

生態的には，幹の基部から盛んに**萌芽**枝を出すのが，この仲間の特徴である（Forman 1964）．伐採後に萌芽再生する（Sun et al. 2006）だけでなく，自然の状態でも幹基から盛んに萌芽枝を出して，巨大な株を作る（図2-10, 11）．日本産の種で言うとカツラの巨木のような樹形である．長命であり，攪乱にも強いと推定される．一方，いずれも種子の**充実率**が低くて，しいなが多く，**実生**からの再生は難しいと考えられている（Sun et al. 2006；Aldana et

図 2-11 ●トリゴノバラヌス・ヴァーティキラータ *Trigonobalanus verticillata* の巨大な株．マレーシア・プロンタウ国立公園．

al. 2011)．カクミガシ類の植物は高い萌芽再生能力によって，実生再生の難しさを補い，熱帯山地に点々と生き残ってきたのであろう．幸いなことに，大きな株を作る性質は，人為的な伐採を免れて生き残ることにも貢献している．株が大きすぎて切り出すのが難しいらしく，コロンビアでは，コロンボバラヌス・エクセルサの株が牧場内に切り残されているのが観察されているし（大場私信），私も，サラワク州の州都クチン近郊の山地に切り開かれたゴルフ場で，ゴルフコースの周縁部に，トリゴノバラヌス・ヴァーティキラータの大きな株が点々と切り残されているのを見たことがある．

表2-3 ●世界のブナ属.

亜属	種名	学名	分布	備考
エングラーブナ亜属				
	イヌブナ	*Fagus japonica* Maxim.	日本	
	エングラーブナ	*F. engleriana* Seemen	中国	
	タケシマブナ	*F. multinervis* Nakai	韓国（鬱陵島）	エングラーブナに含めることもある
ブナ亜属				
	ブナ	*F. crenata* Blume	日本	
	タイワンブナ	*F. hayatae* Palibin ex hayata	中国, 台湾	
	テリハブナ	*F. lucida* Rehder & Wilson	中国	
	ナガエブナ	*F. longipetiolata* Seemen	中国	
	ヨーロッパブナ	*F. sylvatica* L.	ヨーロッパ（北・中部）	
	オリエントブナ	*F. orientalis* Lipsky	ヨーロッパ（黒海, カスピ海周辺）	ヨーロッパブナに含めることもある
	アメリカブナ	*F. grandifolia* Ehrh.	アメリカ合衆国（東部）	
	メキシコブナ	*F. mexicana* Martinez	メキシコ	アメリカブナに含めることもある

（3） ブナ属

　ブナ属は全て落葉性で，東アジアに7種，ヨーロッパに2種，北米に2種がある（表2-3）．北米のアメリカブナは，分布域が南北方向に広く，変異が大きいことが知られている（Nixon 1997）．メキシコブナも亜種としてアメリカブナに含めることがある．また，ヨーロッパブナとオリエントブナの分布域の境界部には雑種が分布し，タウリカブナ *F. taurica* として区別されることがある．

　ヨーロッパ，北米および日本では，ブナ属は連続した広い分布域を持ち，優占林を形成して落葉広葉樹林帯を代表する樹種となっている．日本では，ブナ帯と言えば，落葉広葉樹林帯そのも

図2-12●タイワンブナ．台湾北部の常緑広葉樹林帯上部の稜線付近に生育する．冬は，北東から冷涼湿潤な季節風が吹きつけ常緑広葉樹の生育には厳しい環境となる．台湾羅培山．

のを指すことが多い．

　一方，中国や台湾では，ブナ属は植生帯を形成せず，常緑広葉樹林帯の山地において，雲霧の多い場所などに局所的に常緑広葉樹と混交して生育するのが普通である（Peters 1997）．分布域内でも，実際の分布は連続せずに，散在している．常緑樹林の林床は暗いため，通常，ブナの稚樹は発生しても枯れてしまうが，雨雪害によって林冠が壊されて林床が明るくなることがあり，ブナの稚樹が生存，成長することが可能となる．気象に起因するこのような林冠攪乱が，ブナの生育に必要な条件と考えられている（Cao and Peters 1997）．実際，台湾でのタイワンブナの分布は，冷涼湿潤な冬期季節風が強く吹きつける，北部山地の稜線部に限られており，上記の推定を裏付けているように思われる（図2-12）．

図2-13●イヌブナの株．崩れやすい急斜面に生育する．幹の基部から萌芽し，叢生樹形となる．．岩手県山田町．

　ブナ属は属内を2つの亜属に分け，イヌブナとエングラーブナ，タケシマブナをエングラーブナ亜属，残りの種をブナ亜属とすることが多い（表2-3；Shen 1992；Denk 2003）．エングラーブナ亜属は冬芽の基部に柄があること，葉裏に毛があることなど形態学的な違いによってブナ亜属と区別されるが，生態的にも幹の地際付近から萌芽を多数出して，叢生樹形をとることが大きな違いである（図2-13）．タケシマブナはエングラーブナと同種とされることもあるが，最近の分子系統学的研究によれば，エングラーブナともイヌブナとも異なる，韓国鬱陵島の固有種と考えられている（Oh et al. 2016）．

　Denk et al.（2005）により，ブナ属全体を対象に，形態学および

分子系統学（核リボソームのITS領域を用いた解析）の両面から，系統関係が調べられている．それによれば，(1) タイワンブナが属内で最も祖先的であること，(2) アメリカブナは他のブナ亜属の種から早くに分化し，エングラーブナ亜属と共通の祖先から分かれたこと，(3) エングラーブナ亜属は分子系統的にもまとまったグループであること，(4) 日本のブナはヨーロッパブナ（オリエントブナを含む）や中国のナガエブナ，テリハブナなどと近縁であることが示されている．

(4) クリ属

クリ属は，ブナ属と同じく全て落葉性で，8種がアジア（4種），北米（3種），東ヨーロッパ（バルカン半島〜イラン北部，1種）の3地域に隔離分布している（表2-4）．ただし，クリ属の種は，堅果を食用とするために世界各地で栽培されており，実際の分布域は，本来の分布域よりもずっと広い．殻斗は針状のトゲに包まれた"イガ"となる．中に3個の果実が入る種と，1個の果実が入る種（ヘンリーグリ，オザークグリ，チンカピングリ）がある．本属は分子系統的に単系統であり，日本のクリが最も基部的（原始的）な種であると推定されている（Lang et al. 2006）．

(5) シイ属（クリカシ属）

アジアの亜熱帯，熱帯に分布する．分類学的な整理が不十分なので種数は未確定であるが，130種あまりが報告されている

表 2-4 ● 世界のクリ属.

種名	学名	分布
クリ	*Castanea crenata* Siebold et Zucc.	日本
シナグリ	*C. mollissima* Blume	中国
モーパングリ	*C. seguinii* Dode	中国
ヘンリーグリ	*C. henryi* (Skan) Rehder et E. H. Wilson	中国
アメリカグリ	*C. dentata* (Marshall) Borkh.	北米東部
オザークグリ	*C. ozarkensis* Ashe	北米中南部
チンカピングリ	*C. pumila* (L.) Mill	北米東南部
ヨーロッパグリ	*C. sativa* Mill.	ヨーロッパ東南部

(Govaerts and Frodin1998). いわゆる照葉樹林(暖帯・亜熱帯常緑広葉樹林)や熱帯下部山地林の主要な構成属のひとつである. 日本は分布の北限に位置する. 分布の西限はネパール, 東限はニューギニアの東に位置するニューブリテン島であるが, ウォーレス線(第8章参照)より東側では種の多様性が著しく低下し, カスタノプシス・アクミナティッシマ *Castanopsis acuminatissima* とカスタノプシス・ブルアナ *C. buruana* が, それぞれニューブリテン島およびスラウェシ島まで分布するのみである (Soepadmo1972). 現生種の分布はアジアに限られているが, 同属の化石は北米やヨーロッパからも発見されており(第Ⅰ章参照), かつては北半球全域に分布していたと考えられている.

殻斗内の果実数は3個を基本とするが, スダジイのように1個の種もあり, 一方, さらに多数の果実を含む種もあって, 1〜5個程度の変異がある. 殻斗や果実の形態は属内で多様であるが, 属内の分類や系統関係については, 研究が不十分でまだ未解明な点が多い. 世界のブナ科のモノグラフをまとめたフランスの女性植物学者カミュ(Aimée Antoinette Camus)は, 3節, すなわちユウ

図2-14 ●カスタノプシス・エバンシイ *C. evansii*. どんぐり表面の大部分はへそで, 果皮は頂部にごく僅かにのこるだけである. マレーシア・クチン近郊 (ボルネオハイランド).

カスタノプシス節 *Eucastanopsis*, プシュードパサニア節 *Pseudopasania*, カラエオカルプス節 *Callaeocarpus*) に分けている (Camus1929). また, カミュがマテバシイ属のプシュードカスタノプシス *Pseudocastanopsis* 亜属 (Camus 1952-1954) に含めていた種も, 現在ではシイ属に移されているので, 主に殻斗や果実の外部形態から合計4つのグループが認められていることになる. このうち, ユウカスタノプシス節は, 殻斗が針のようなトゲに被われるグループで, カスタノプシス・インディカ *C. indica* など, いわゆるクリカシの仲間がこれに含まれる. プシュードパサニア節は, 殻

図 2-15 ●カスタノプシス・カラティフォルミス *C. calathiformis*. 一見，コナラ属と間違えるような殻斗と堅果が特徴的である．葉は側脈が多く，波状の鋸歯がある．タイ・インタノン山．

斗が小型〜中型で，表面に小突起やイボあるいは極めて短いトゲを持つグループで，日本のコジイやスダジイはここに含まれる．カラエオカルプス節は，果実のヘソが極めて大きく，厚い殻斗を持つグループで，カスタノプシス・エバンシイ *C. evansii*（図 2-14）などが含まれる．さらに，マテバシイ属のプシュードカスタノプシス亜属に含められていた種は，コナラ属のような椀状の殻斗の中に 1 個の果実を持つグループで，台湾に分布するウーライガシ *C. uraiana* や，中国やミャンマー，タイ，インドシナに分布するカスタノプシス・カラティフォルミス *C. calathiformis*（図 2-15）などが含まれる．

（6） マテバシイ属

シイ属同様、アジアの亜熱帯、熱帯に分布する。特に、マレシア熱帯で多様化しており、熱帯下部山地林の最も主要な樹種である。分布の西限はネパール、東限はニューギニアの東にあるロッセル島である。ウォーレス線を越えて、ニューギニアには9種が分布し、そのうち7種は固有種である（Soepadmo 1972）。唯一、北米から知られていたリトカルプス・デンシフローラス *Lithocarpus densiflorus* は、Manos et al.（2008）により新属ノトリトカルプス属に移されている。マテバシイ属の種数はいまだ未確定であるが、320種あまりが報告さている（Govaerts and Frodin1998）。化石としては、北米やヨーロッパからも発見されており（第I章参照）、シイ属同様に、かつては北半球に広く分布していたが、アジアだけに生き残ったと考えられる。

属内の分類や系統関係については、シイ属同様、研究が不十分でまだ未解明な点が多い。Camus（1952-1954）は14の亜属に分けている。殻斗や果実の形態は極めて多様である(コラム1,2参照)。外見からは、日本産のマテバシイのように、果実全体が円錐形〜砲弾形の**果皮**に包まれ、果実の"ヘソ"が比較的小さな、コナラ属のような果実を持つグループと、果実は大部分が果皮では無く"へそ"に被われ、厚い殻斗に包まれて、殻斗から分離することなく散布されるグループ（シナエドリス節）とに分けられる（Cannon 2001）。両者は種子散布や実生の生態からみて、いろいろと異なる可能性が高い。後者には、リトカルプス・カルクマニイ *L. kalkmanii* やリトカルプス・トゥルビナートゥス *L. turbinatus* など、

極めて大型の果実・殻斗を持つ種が含まれる（コラム1参照）．

　属全体を対象とした分子系統解析は，まだ行われていないが，ボルネオ島産のマテバシイ属について，果実形態と系統との関係を調べた研究がある（Cannon and Manos2001）．それによれば，上記のシナエドリス節は単系統では無く，複数の系統で繰り返し進化したと推定されている．すなわち，生態的な必要性から進化した，1種の生活形であろう．

　また，Cannon and Manos（2003）は，東南アジアの大陸部とボルネオ島を対象に，葉緑体と核のDNAを用いてマテバシイ属の系統地理について調べた．その結果，大陸部とボルネオ島間には，明瞭な系統地理学的構造が存在するものの，両地域において，同属は古第三紀始新世中期（約4000万年前）に遡るほど長く生存し続けてきたと考えられている．マレシア熱帯におけるマテバシイ属の著しい多様化の背景には，このような地史的な時間の長さがあると考えられる．

（7）　コナラ属

　ブナ科の中で最大の種数を持つのがコナラ属である．Govaerts and Frodin（1998）のチェックリストには531種が記載されているが，最近の研究では（Denk et al. 2017），世界に約390種あると推定されている．コナラ属では多くの雑種が知られ，その扱いによって，種数は大きく変化する．分布は温帯から亜熱帯，熱帯にまで及び，落葉性の種と常緑性の種が分化している．地理的にも科の分布域をほぼカバーする広範囲に分布している．ただし，マレシ

ア熱帯での分布は，ウォーレス線を越えることなく，ジャワ島西部以西に限られ，また，パラワン島を除くフィリピンにも分布しない．

殻斗は椀状に堅果を包み，シイ属やマテバシイ属と比べると形態的な多様性は低い．従来の分類では，殻斗表面の模様からアカガシ亜属（属を分けてカシ属 *Cyclobalanopsis* とすることもある）とコナラ亜属とに分けられてきた．アカガシ亜属はアジアに固有であるが，コナラ亜属の分布は北半球全域（ユーラシア大陸の内陸部を除く）に及ぶ．コナラ亜属は，外部形態から，さらにいくつかのグループに分けられる（Nixon 1993）．ユーラシアから北米大陸にまたがる最も広い分布を示すのがシロナラ節 Sect. *Quercus* で，日本のコナラやミズナラ，ヨーロッパナラ *Q. robur*，北米のクェルクス・アルバ *Q. alba* などが含まれる．さらに，ユーラシア産の種の中では，ケリス節 Sect. *Cerris*（日本産のクヌギやアベマキ，ヨーロッパ産のクエルクス・ケリス *Q. cerris* など）とイレックス節 Sect. *Ilex*（ヨーロッパ産のヒイラギガシ *Q. ilex* やクエルクス・コクシフェラ *Q. coccifera* など）が，それ以外の種（狭義のシロナラ節）と区別されている．ケリス節は殻斗のりん片が長く伸びること，イレックス節は常緑性の種を多く含むことが特徴である．一方，アメリカ大陸には，南北アメリカ大陸に固有なアカナラ節 Sect. *Lobatae*（アカナラ *Q.rubra* など）と，北米西部に固有のプロトバラヌス節 Sect. *Protobalanus*（クエルクス・クリソレピス *Q.chrysolepis* など）が，シロナラ節とは別に分布している．

本属では分子系統的解析も進んでおり，Manos et al.（1999）によれば，コナラ亜属の中では，ケリス節（群），アカナラ節，プ

ロトバラヌス節，シロナラ節の4グループがそれぞれ単系統なグループとして認められ，この中でケリス節が他のグループに対し最も祖先的なグループとして位置づけられている．さらに，イレックス節はケリス節に含まれ，シロナラ節は，アカナラ節からプロトバラヌス節を経て北米で誕生したと推定されている．また，Oh and Manos (2008) によれば，アカガシ亜属は，コナラ属全体の中でケリス節と姉妹群をなすグループとして位置づけられ，亜属として扱うのは適当で無いことが示されている．これらのことから，Manos et al. (1999) は，コナラ属はユーラシアでケリス節とアカガシ節（亜属），北米でアカナラ節とプロトバラヌス節およびシロナラ節がそれぞれ進化し，シロナラ節はユーラシアへも分布を広げたと推定している．化石の研究から，合衆国ワシントン州の中期中新世の地層から発見されたどんぐりの化石は，その内部構造からシロナラ節に同定される（Borgardt and Pigg 1999）．このことから，同時代の北米では，すでにこの節が分化していたと考えられている．

以上の様な分子系統学の成果を反映させ，最近，Denk et al. (2017) はコナラ属の新しい分類体系を提案した．この体系によれば，まず，コナラ属をコナラ亜属とアカガシ亜属にわける従来の分類は廃止され，新たな2つの亜属，（1）コナラ亜属（新・旧大陸に分布）と（2）ケリス亜属（旧大陸に分布）とに分けられ，さらに，（1）が5つの節，（2）が3つの節に分けられた（表2-5）．コナラ亜属のうち，プロトバラヌス節，シロナラ節，アカナラ節は従来の分類体系と同じだが，ポンティカ節とビレンテス節は新設されたものである．ポンティカ節には，クエルクス・ポ

表2-5 ●コナラ属の新分類体系. Denk et al (2017) による.

亜属	節	分布域	種・種数
コナラ亜属 Sugenus *Quercus*	プロトバラヌス節 Sect. *Protobalanus*	北米南西部・メキシコ北西部	クエルクス・クリソレピス *Q. chrysolepis* など5種
	ポンティカ節 Sect. *Ponticae*	トルコ北東部・ジョージア西部・北米西部	クエルクス・ポンティカ *Q. pontica* およびクエルクス・サドゥレリアナ *Q. sadleriana* の2種
	ビレンテス節 Sect. *Virentes*	北米南東部・中米(メキシコ〜コスタリカ, キューバ)	クエルクス・ビレンス *Q. virens* など7種. 常緑・半常緑性
	シロナラ節 Sect. *Quercus*	北米・中米・ヨーロッパ・アジア・アフリカ北部	コナラ *Q. serrata* など約146種
	アカナラ節 Sect. *Lobatae*	北米・中米・南米(コロンビア)	アカナラ *Q. rubra* など約130種
ケリス亜属 Subgenus *Cerris*	アカガシ節 Sect. *Cyclobalanus*	アジア	アカガシ *Q. acuta* など約90種, 常緑性
	イレックス節 Sect. *Ilex*	ヨーロッパ・アジア・アフリカ北部	ウバメガシ *Q. phyllaeoides* など36種, 常緑性
	ケリス節 Sect. *Cerris*	ヨーロッパ・アジア・アフリカ北部	クヌギ *Q. acutissima* など13種

ンティカ *Q. pontica* とクエルクス・サドゥレリアナ *Q. sadleriana* の両種が, それぞれ旧大陸, 新大陸の狭い範囲に隔離分布している. クリに似た側脈の多い葉を持ち, 第三紀の遺存的な種類と考えられている. 一方, ビレンテス節は, 北米で約1100万年前に分化した常緑・半常緑性のグループである (Cavender-Bares et al. 2015). さらに, シロナラ節は, 現在, 新旧両大陸に広がっているが, 最古の化石は, カナダ北極諸島の始新世の地層から発見された, 現生のナラガシワに類似する葉の化石である. したがって, 北米大陸で起源し, その後, ユーラシア大陸に分布を広げたと考えられている (Borgardt and Pigg 1999). 一方, ケリス亜属は旧大陸に分布し, アカガシ節, イレックス節, ケリス節の3つの節が含まれている.

また，コナラ属では，亜属や節の違いに対応した，花粉の表面形態のタイプ分けも行われている（Denk and Grimm 2009）．その結果は，分子系統解析の結果（Manos and Stanford 2001；Manos et al. 2001；Oh and Manos 2008）とよく一致している．分類結果の正しさを示すとされ，また，化石花粉の表面形態から属内の帰属を評価しうる基礎となるとされている．日本産の種でも，亜属や節による表面形態の違いが調べられ，花粉分析による古植生復元に適用されている（高原 2011）．

コラム❷ 奇妙などんぐり
column

とてもどんぐりとは思えない奇妙などんぐりもある．コラム「世界最大のどんぐりは？」で紹介したリトカルプス・カルクマニイやカスタノプシス・イネルミスも相当に変などんぐりだが，大きさではやや負けるものの，一層，外見の変わった奇妙などんぐりをいくつか紹介しよう．

1．リトカルプス・ケニンガウエンシス *Lithocarpus keningauensis*（口絵 13）

堅果を被う殻斗がキノコか膨れ上がった虫こぶのようで異様である．表面に螺旋形の稜線がある．殻斗は堅果ごと散布されるまで緑色を保ち，固くならない．散布後，乾燥してもスポンジのような感じでとても軽い．地上に落下後，黒色に変化してしまい，まるで熊か何か獣の糞のように見える．黒くなるのは，含まれているタンニンが酸化するためと思われる．中の堅果は比較的，小型で直径2.5cmほど，上側が平らで，下側のヘソの部分は凸形で丸い．割ったところ，中にゾウムシ類と思われる幼虫が入っているのを見たので，昆虫には弱いらしい．リトカルプス・ポルカートゥス *L. porcatus* も似たような殻斗を持つが，こちらの殻斗はやや小型で形が整い，短い柄があるので区別できる．分布：ボルネオ島

2．リトカルプス・プロンタウエンシス *Lithocarpus pulongtauensis*（口絵 14）

黒色の殻斗が，まるで鎧のように中の堅果を包んでいる．殻斗は直径8cm近くあり，鱗片が低い突起状に変化して，表面を規則正しく被っている．中の堅果は駒形で，果皮やへその部分がとても厚

い．2011年に新種として記載された．分布：ボルネオ島．学名は，本種が分布するプロンタウ国立公園の名にちなむ．

3．カスタノプシス・ペダンクラータ *Casatanopsis pedunculata*（口絵15）

長く垂れ下がった果実序の枝に，芽キャベツのような実が鈴なりに着く．まるでヤシ科の果実のようで，ブナ科の果実には見えない．殻斗は直径3〜4cmで丸く，トゲは無い．中に3個の堅果が入っている．分布：ボルネオ島

4．リトカルプス・エンクレイサカルプス *Lithocarpus encleisacarpus*（口絵16）

金メダルガエルという，金色に見えるアルビノのカエルが話題になったことがあるが，どんぐりの中にも金色をしたものがある．堅果の表面が，絹のような光沢を持つ黄白色の毛にびっしりと被われているため金色に見える．本種では，普通，堅果がもっと小型で，大部分が殻斗に被われてしまい，堅果表面の毛は見えないことが多いのだが，ボルネオ島産のこの個体は，堅果が大きく成長して殻斗を抜け出し，金色の毛が露出していた．最も美しいどんぐりの1種である．分布：タイ，マレー半島，ボルネオ島．

この他に，ボルネオ島には，文字通り"金色のマテバシイ"という名を持つリトカルプス・ルテウス *L. luteus* という種もある．ルテウスはラテン語で"金色"という意味である．この種も堅果の表面を金色の毛で被われている．

第Ⅲ章 | *Chapter III*

どんぐりの形態学

　どんぐりという言葉は，もともと学術用語ではないので，その意味はいろいろである．最もせまい意味では，クヌギの果実だけを指す場合もあるし，ナラ類（コナラ属コナラ亜属）の果実だけを指す場合や，カシ類（コナラ属アカガシ亜属）の果実も含めてコナラ属の果実全体を呼ぶ場合もある．本書では，最も広い意味，すなわちブナ科植物の果実を全てどんぐりと呼んでいる．したがってコナラやクヌギの果実だけでは無く，ブナやクリの果実もどんぐりに含む．いずれも，ブナ科の植物が種子を散布するための器官（散布体）であることに変わりは無く，種子ではなく果実である．この果実は成熟しても，果皮が肉質とならず，薄くて堅い"から"となって，中の種子を包んでいる．このような果実は堅果と呼ばれる．

　堅果と種子は外観からは紛らわしく，区別することは難しい．一般には，どちらも"タネ"と認識されるものである．例えば，どんぐりに似た木の実として，ハシバミの実，クルミの実，トチノキの実などがあるが，これらが植物学的に何かというと，ハシバミの実やクルミの実は，どんぐりと同じく堅果，トチノキの実は種子である．また，学術的にも，特に林学分野では，ブナの果

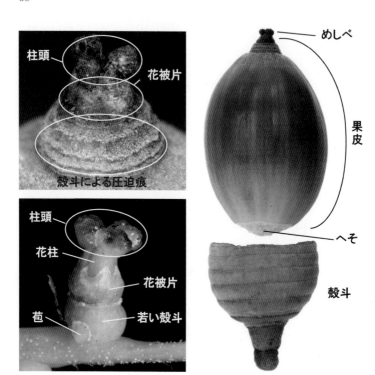

図3-1●シラカシの雌花と果実.左下,雌花;左上,果実の先端部分;右,果実と殻斗.左側2枚の写真:大野啓一.

実を種子(seed)と表現することがあるが,これは植物学的に不正確なので本書では用いない.種子と呼ぶ場合は,堅果自体では無く,その中にある種子だけを指す.

どんぐりは誰でも知っているが,植物学的には特殊化の進んだ果実で,じつは,かなり解りにくい代物である.図3-1をご覧いただきたい.左下にある雌花が発達してどんぐりになることを理

解して頂けるだろうか．さらに正確に理解するには，雌花の内部構造とその発達過程に関する理解が欠かせない．

どんぐりのもうひとつの特徴は，若い時，殻斗（かくと）と呼ばれる保護器官に包まれていることである．殻斗はブナ科に特有な器官であるが，極めて多様化して様々な形となり，種を特徴づけている．

殻斗は，しばしば，どんぐりのお皿，お椀，あるいは帽子などと表現される．殻斗はどんぐりの先端では無く，基部を被っているものなので，お皿やお椀という表現は良いが，帽子という表現は，植物学的には，あまり適当ではない．

どんぐりの外形は，コナラ属やマテバシイ属では球形あるいは砲弾形で，横断面は円形であることが多いが，ブナ属やカクミガシ属，シイ属，クリ属などでは，そばの実のような三稜形で，横断面は三角形となるのが普通である．断面が丸く見える場合でも，よく見ると，とがった稜がある場合が多い．三稜形のどんぐりのほうが，原始的な形を留めていると考えられる．

どんぐりの先端には，雌しべの柱頭や花被（花びらとがく片は形態学的に区別できない事も多いので，両者を合わせて花被あるいは花被片と呼ぶ）など雌花の一部が残存していることが多い．殻斗の圧迫痕や毛が見られることも多く，種類を見分ける際には，殻斗とともに，どんぐりの先端をよく観察することが重要である．

どんぐりの表面を覆う"から"，つまり果皮は堅くつるつるしているが，基部だけは白っぽく，ざらざらしている．成熟前は，この部分で殻斗の内側に付着しているが，熟すと両者が分離して散布される．1種の**離層**で，コルク質の細胞から出来ている．こ

の部分は，植物学的にも，"痕"，"着点"，"付着部"，"離層"など様々に表現されており，統一した呼び方が無い．本書では便宜上"へそ"と呼ぶ．

一方，マメ科などの種子が"さや"についている部分も"へそ"と呼ばれることが多い．こちらは"さや"，すなわち果皮の内側に，豆，すなわち種子が付着している部分を示す言葉なので，植物形態学的には，どんぐりの"へそ"とは全く異なる．混同しないよう注意が必要である．豆の"へそ"に相当する部分も，どんぐりの内部にあるが，外からは見えない．

以上のように，植物形態学の基礎知識が無いと，どんぐりの内部構造は理解しにくい代物なのだが，植物形態学の用語は馴染みの無い人には，理解しにくいのが難点である．しかし，植物学的には重要で，この点を解説した類書もないので，少し詳しく説明していきたいと思う．難しいと思う方は，写真や図を中心に見て頂ければ幸いである．

1 果皮とへその構造

果皮は元々，雌花の子房の壁が発達したものである．植物分類学では，がく片と子房との位置関係を，分類の基準として重視してきた．子房ががく片よりも上にある場合を子房上位，子房よりもがく片が上にある場合を子房下位と呼んでいる．子房上生，子房下生という呼び方をする場合もあるが，この場合は，子房のどこにがく片が着いているかを指しており，子房上生は子房下位，

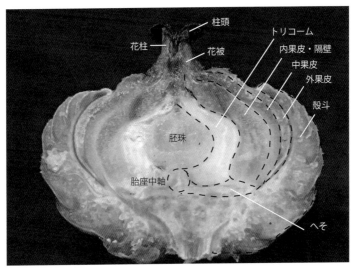

図3-2 ● シラカシ幼果の縦断面の構造．写真右半分に組織の境界を点線で示す．外果皮およびトリコームは，あまり葉緑体を含まないため白っぽく見えている．8月6日撮影．

子房下生は子房上位と，それぞれ同じ意味なので紛らわしい．本書では"子房上位"，"子房下位"と呼んでおく．ブナ科の雌花は子房下位なので，がく片（花被片）は子房の上部に着いている．がくの下部，つまりがく筒が子房壁の外側を被っているとも考えられるが，子房壁と一体化して区別は認められない．

どんぐりの果皮は薄いため解りにくいが，じつは複数の層から出来ている．外側から，外果皮，中果皮，内果皮に分けることができる．発達途中の幼果の断面を見ると，その構造がよく解る（図3-2）．

外果皮は表面を覆う透明な表皮（クチクラ層）とその内側にある柵状組織からなる．柵状組織は，表面に垂直な方向に細長い細胞が密に並んで構成されている組織で，葉の場合は葉緑体に富み，光合成を主に担っている．どんぐりの場合は，最初から，葉緑体を全く持たず，透明で厚い細胞壁を持つ細胞（**厚壁細胞**）として作られ，どんぐり外周部の"殻（から）"を形成して，果皮に物理的な強度を与えている．

外果皮の内側にあるのが中果皮で，葉緑体を含む**柔細胞**から構成され，果実の発達に伴って維管束がこの部分を走り，どんぐりの成長に必要な水分や養分，物質を供給する．どんぐりが成熟すると葉緑体や細胞質は分解され，細胞は枯死して薄くなり，外果皮の内側に張り付く．また，果実の成熟と共に，しだいに厚壁細胞が増えて堅くなり，外果皮と一体化する場合もある（Borgardt and Nixon 2003）．

未熟などんぐりは緑色をしているが，成熟して散布される頃には茶色や黒色に変化する．これは，透明な外果皮を透して，中果皮の色の変化が見えるためである．また，どんぐりの表面には縦方向に，周辺の果皮よりも暗いまたは明るい筋模様が見えることがあるが，これは，維管束の周囲で中果皮の色が周辺部と異なっているのが，透明な外果皮を透して見えるためである．

中果皮の内側にはさらに，内果皮と子房内部の仕切り（**隔壁**）がある．その内側表面には，多くの**トリコーム**（植物に生える"毛"をこう呼ぶ）が生えていることが多い．成長初期には，内果皮および隔壁は，果実内部を埋めているが，**胚**が発達して種子が大きくなっていく頃には**種皮**と内果皮の間で縮小していき，果皮の最

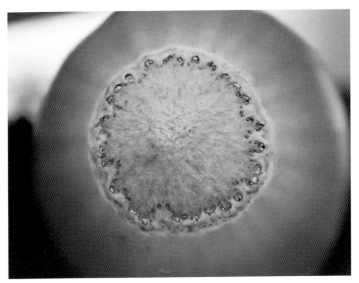

図3-3 ●イチイガシのどんぐりの底面．へその外周部に多数の維管束痕が並ぶ．

も内側の部分に張り付くように残る．

　一方，へそには果皮のような層状構造は認められず，細胞壁が厚くなった死細胞の塊とその間を埋める生きた細胞（柔細胞）から構成される．果実の成熟とともに柔細胞が消失して，厚壁細胞の塊だけが密に組み合わさって堅くなる．また，外側から見ると，外周にそって維管束の通じていた部分が多数の穴となって連なっているのが確認できる（図3-3）．どんぐりが成熟すると，へそと殻斗の結合が緩くなり，殻斗から脱落するのが普通である．マテバシイ属やシイ属の中には，へそが厚くなり，どんぐりの表面の大部分を被うように成長するものがある．このようなどんぐりの

図3-4●リトカルプス・ハリエリ *Lithocarpus hallieri*（ボルネオ産）のどんぐりとその縦断面．頂部の平坦で平滑な部分が果皮で，のこりはへそに被われる．へそは極めて厚い．マレーシア・クチン近郊（ボルネオハイランド）．

表面は，ざらざらしたへそに被われており，一見，どんぐりには見えない（図3-4）．このような種では，へそは殻斗と一体化して分離せず，果実の成熟後も殻斗にしっかりとついたまま落下する．落下後，殻斗が腐って，初めて中の果実が出てくる．

2 種子の構造

どんぐりの果皮の内側には，通常1個の種子が入っている．種子は薄い種皮によって包まれ，その内側の大部分は，デンプンなどの貯蔵物質をため込んだ子葉によって占められている．

種皮と果皮の隙間には，注意深く観察すると，成長しないまま干からびて委縮した5個の**胚珠**(若い種子)が残されている．また，発達途中の胚珠に物質や水を供給していた太い維管束（**中軸維管束**）も，果皮と種子の隙間に残されている．大部分の属では，中軸維管束が，どんぐりの底部から頂部まで伸び，委縮した胚珠は頂部付近に残されている（図3-5）．一方，コナラ属では，中軸維管束はほとんど伸びず，委縮した胚珠も底部に残されている種が多い（図3-6）．しかし，中には中軸維管束が途中まで伸び，結果的に，委縮した胚珠が側面に残されている種も見られる．日本産の種では，イチイガシ，シラカシ，アラカシで，委縮した胚珠が側面に残されている（岡本1979）．イチイガシでは主に中軸維管束が，シラカシとアラカシでは主に珠柄（胚珠の下部の柄），途中まで伸びることが原因である（図3-7）．

コナラ属では，属内の系統関係を考える上から，委縮した胚珠がどこに残るかが重要視されてきた．コナラ属のシロナラ節とケリス節では底部に，アカガシ亜属（節）では底部または側面に，アカナラ節では先端付近の側面に（図3-8），プロトバラヌス節では側面に残ることが知られている（岡本1979；Borgardt and Pigg 1999；Deng et al. 2008）．なぜ，委縮した胚珠の位置などという性質

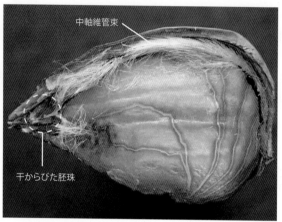

図3-5●ブナの堅果の内部．乾燥した果実の果皮を半分，取り去って内部を見たところ．長い毛に被われた中軸維管束が底部から頂部まで果皮の内側に沿って伸び，頂部には萎れた胚珠が5個，残されている．

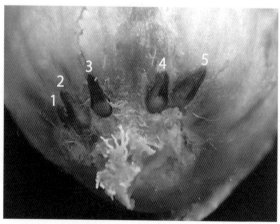

図3-6●コナラ堅果内の種子の基部に貼り付くように残された5個の萎れた胚珠．

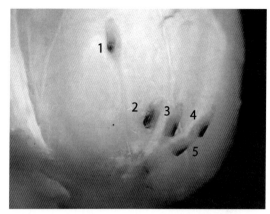

図3-7 ●シラカシ堅果内の種子の基部に，種皮に貼り付くように残された5個の萎れた胚珠．種子はまだ未成熟なため種皮が白っぽい．胎座の中軸はほとんど伸びない．1番の胚珠は，珠柄が伸びている．

図3-8 ●アカナラ *Quercus rubra* の種子の縦断面．種皮の表面の皺に挟まれて中軸維管束（矢印，基部は折れている）が基部から頂部方向へ長く伸び，その先端付近に萎れた胚珠（丸枠内）が残されている．

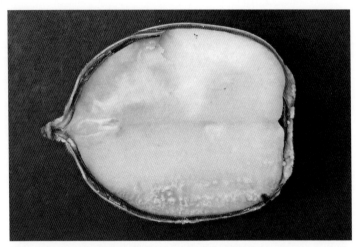

図 3-9 ● アベマキの堅果の樹断面. 2枚の同形子葉に挟まれて堅果の頂部(左側)に幼根と胚がある. 2枚の子葉は, 堅く固着している.

が重要なのか,不思議に思うかもしれない.これは,胚珠の位置が,子房内での種子の発生過程の違いを反映しているためである(第Ⅲ章-7参照).

子葉の基部は,通常,どんぐりの先端(頂部)付近に位置し,下方に伸びた子葉に挟まれて胚と幼根がある(図3-9).すなわち,**胚軸**と子葉は基部方向,幼根は頂部方向を向いているのが原則である.コナラ属,マテバシイ属,シイ属などでは,子葉は厚く細長い半球形であることが多いが,ブナ属やカクミガシ類では薄く広がりがあり,果皮内で折り畳まれている(図3-10).子葉の形は発芽様式と関係があり,半球形のタイプは発芽後,子葉を地上に展開しない地下子葉型の発芽をする種類であり,折り畳まれた

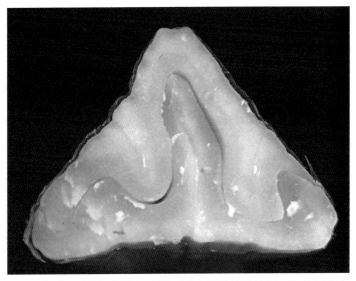

図 3-10 ●ブナの種子の横断面．上下に 2 枚の子葉が折り畳まれているのがわかる．

タイプは，子葉を地上に展開する地上子葉型の発芽をする種類である（第Ⅳ章参照）．

2 枚の子葉は普通，同じ形，同じ大きさであることが多いが，種によっては異なる場合もある．異形子葉性という．コナラ属の中には異形子葉性の種がある．異形子葉性の種では胚の幼根の位置や向きが横にずれるため，根もどんぐりの頂部からでは無く，側面やへその部分から出てくることが多い（コラム 3 参照）．日本産の種では，極端な異形子葉性を示す種は無いが，イチイガシでは異形子葉が見られることが報告されている（岡本 1979）．ただし，

図3-11 ●リトカルプス・ランパダリウス *Lithocarpus lampadarius* の堅果の断面. へそは厚く, 中央が盛り上がる. そのため, 2枚の子葉の断面は逆V字形になる. マレーシア・ブロンタウ国立公園.

同形の子葉を持つどんぐりも見られ, 両者が混在している.

　2枚の子葉は, 互いに分離していて容易に離れる場合と, 固着して離れにくい場合とがある. 日本産の種では, マテバシイおよびシリブカガシ, イチイガシ, クヌギ, アベマキでは2枚の子葉はかたく固着しており, 残りの種では容易に分離する（岡本1979）.

　熱帯産のマテバシイ属の種の中には, へその中央部が内部で盛り上がるために, 子葉は逆V字型となる場合もある（図3-11）. 2枚の子葉は一体化しており, 境界は不明瞭である.

　さらに, シイ属の中には, 特異な子葉を持つ種がある. すなわ

第Ⅲ章 どんぐりの形態学　81

図3-12 ●カスタノプシス・カラティフォルミス *Castanopsis calathiformis* の堅果（乾燥したもの）の断面．縦断面（上）とその横断面（下）．写真に写っている子葉は1枚であるが，幾重にも複雑に折り畳まれている．

ち，フィッサ群 fissa-group としてまとめられる 3 種，カスタノプシス・フィッサ *Castanopsis fissa* およびカスタノプシス・カラティフォルミス *C. calathiformis* およびカスタノプシス・セレブリナ *C. cerebrina* では，クルミのように，種皮と共に幾重にも折りたたまれたような複雑な子葉が見られる（図 3-12，岡本 1980）．シイ属の子葉は地下子葉性なので，この子葉が地上部に展開されることは無い．なぜ，このような形に進化したのか不明である．1 つの仮説として，子葉の表面積が大きなことは，子葉が表面から**胚乳**を急速に吸収して，速やかに発達するのに役立っているのかもしれない．

3 | 花の形

　ブナ科の植物は雌雄異花，すなわち雄花と雌花を別々に着ける．雄花も雌花も，複数の花が集まって短い花序を作り，さらに，それらが多数集まって，穂になった長い花序を作るのが特徴である．開花時，穂になった雄花序が枝先に多数，着くために，樹全体が黄白色を帯び，遠目にもブナ科の植物だと解る．雄花序は細長く数も多いので目立つが，雌花序は小さく目立たないことが多い．

　雄花（雄花序）と雌花（雌花序）は同一花序に着く場合と別の花序に着く場合とがある．花序の形態は属ごとに特徴的で，属を区別する特徴のひとつである．また，後述するように，雌花序の形態は殻斗の形態と深い関係がある．

　ブナ科の花には雄花，雌花ともに華やかな花びら（花弁）は無

いが，よく見ると，基部が癒合した小さな花被片がある（図3-1）．また，雄花，雌花それぞれに退化した雌しべや雄しべが見られることも多い．さらに，稔性を持つ花粉が，退化して小型化した雄しべに作られることもあり，雄性と雌性の分化はやや不完全である．

Okamoto（1983）により，スダジイの花の発生過程が報告されている．それによれば，雌花と雄花の発生過程は，初期は非常によく似ているが，雌花では，雄しべは途中で成長が停止して退化雄しべとなり，開花時も花被に包まれたまま残る．これに対し，雄花では，雌しべの子房は最後まで閉じることなく，**蜜腺**に変化してしまう．

雄花の花被片は6枚前後，あるいは花被縁が6裂し，その内側に6〜12本の雄しべがある．雄しべの柄（花糸）は細く，楕円形のやく（花粉を入れた袋）の側面または基部に着く．やくは長軸方向に割れて花粉を出す．また，花の中央には，退化した雌しべがみられることが多い．

雄花の形態は属によって異なっている．この違いは，ひとつには**送粉様式**を反映したものである．すなわち，虫媒性のクリ属やシイ属，マテバシイ属では，蜜腺に変化した雌しべは盤状で，密に毛に被われ，毛の隙間に蜜を溜めて昆虫を引き付ける（図3-13）．さらに，花糸が長く伸びて，花粉を昆虫につけやすい形になっている．一方，風媒性のコナラ属やブナ属では，虫媒性の属と比べてやくは大型で，多くの花粉を生産し，散布できるようになっている（図3-14）．花の中央に蜜腺は無い．

一方，雌花は，どの属でも小さく目立たないのが特徴である．

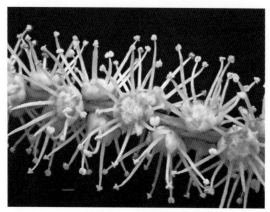

図3-13●スダジイの雄花．花は花序軸に1個づつ着く．退化雌しべは盤状で，密に毛に被われ，蜜を溜める．雄しべのやくは小型（長径約0.3mm）で，花糸は長く突き出す．スケールは0.5mm．

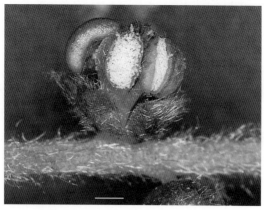

図3-14●クヌギの雄花．スダジイの雄花（図3-13）と比べると，やくは大型（長径約1.0mm）で花糸は短い．スケールは0.5mm．写真：山本伸子．

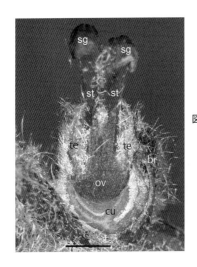

図 3-15 ● アカガシの雌花の断面．子房は極めて未発達で構造が見えない．すでに柱頭は役目を終えて黒くなり始めている．写真の右側が茎の基部側．sg, 柱頭；st, 花柱；ov, 子房；te, 花被片；cu, 殻斗；br, 苞葉．スケールは1mm．5月中旬に撮影．写真：山本伸子．

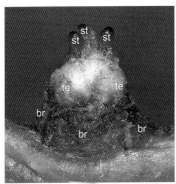 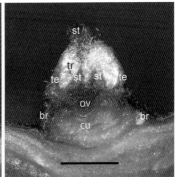

図 3-16 ● スダジイの雌花（左）とその断面（右）．子房は極めて未発達で構造が見えない．すでに柱頭は黒くなり始めている．花被片に包まれた花の内部はトリコームに被われている．写真の右側が茎の基部側．tr, トリコーム；他の略号は図3-16と同じ．スケールは1mm．5月中旬に撮影．写真：山本伸子．

ブナ属とクリ属では開花時，殻斗がかなり発達して大きくなり中の雌花を包んでいるが，他の属では，開花時には殻斗も未発達で，雌花（雌花序）は殻斗を含めても数ミリメートル以下に過ぎない．

雌花も，雄花と同じく通常，6枚（6裂）の花被片を持つ．雄花と異なり，基部あるいはほぼ全体を未発達な殻斗に被われる．花柱は3本（クリ属では6〜9本）で，子房は花柱と同数の室に分かれ，各室に2個の胚珠があって**中軸胎座**についている．すなわち，子房内には3×2＝6個（クリ属では12〜18個）の胚珠がある．しかし，開花時には，雌しべの子房は極めて未発達で，花柱と柱頭のみが発達した状態にある（図3-15, 16）．コナラ属やシイ属，マテバシイ属では，子房の内部構造は，やや発達した幼果を見て初めて観察できる（図3-17）．また，花の内部に退化した小型の雄しべを持つことがある（図3-18左）．通常は花被片に被われているために外側からは見えにくい．さらに，この雄しべが発達して（図3-18右），花粉を作る場合もある．

雌花では，送粉様式の違いを反映し，柱頭の形が属により大きく異なっている（図3-19）．風媒であるコナラ属やブナ属では花柱の先端部が長円形や扇形，サジ形に変化し，平たく広がって，内側が柱頭面となり，粘液を出して花粉を補足する．一方，虫媒であるクリ属やシイ属，マテバシイ属では，花柱は先の尖ったハブラシの毛のような形をしており，昆虫の体表に着いた花粉をかき落としやすくなっている．柱頭は花柱の先端にあって極めて小さく，点状に突き出すか，窪んでいる．原始的とされるカクミガシ類の柱頭は，コナラ属に近い頭状の形態を示すが，コナラ属と比べると小型で中間的な形態を示す．

第Ⅲ章　どんぐりの形態学　87

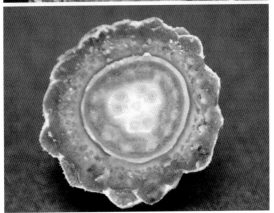

図3-17●マテバシイ幼果の縦断面と横断面．上，縦断面．殻斗に包まれた若い果実の中央に2個の倒生胚珠が見える．果実頂部から下方に向かって形成されつつある外果皮が白く見えている．下，横断面．殻斗の中で，外果皮（白く見える円）に包まれた果実が見える．中果皮内にはすでに維管束が形成され始めている．中央に見える三角形をした中軸維管束の周囲に，6個の胚種が見える．胚珠は白いトリコームに囲まれている．6個の胚種のうち，受精しなかった5個の胚種では，すでに珠心の褐変が始まっているように見える．開花翌年の5月末に撮影．

図3-18 ●クリの雌花の退化雄しべ(左)とアラカシの雌花に着いた雄しべ(右). 雄しべを矢印で示す.

　コナラの柱頭面1面の大きさは800 μm (長径) ×450 μm (短径) 程度である. これを楕円として面積を近似的に求めると約280,000 μm² となる. これに比較して, 虫媒花における柱頭の大きさはごく小さい. クリでは最大時でも直径66 μm 程度とされている (中村 1992b). スダジイでも80 μm 程度のようである. それぞれの面積を円で近似するとクリで約3400 μm², スダジイで約5000 μm² となり, 風媒花のほうが50倍以上広い柱頭面を持っていることがわかる.

　一方, 花粉粒の大きさも送粉様式によって異なり, ブナ科では風媒花の方が虫媒花よりも大型である (図3-20). 花粉の大型化は飛散力を高めるためだろう. 風媒花であるブナ属では, **極軸**長で35 μm (イヌブナ) 〜42 μm (ブナ), コナラ属では約30μm とされている. これに対し, 虫媒であるクリ属で約12μm, シイ属

第Ⅲ章　どんぐりの形態学　89

図3-19 ●日本産ブナ科植物9種の雌花．上段3種，虫媒花；中・下段6種，風媒花．写真：大野啓一

で約14μm，マテバシイ属で12.5μmであり（片岡・守田1999），風媒花の1/2〜1/3程度に過ぎない．虫媒花の花粉が小型なのは，柱頭の面積が小さいことに対応しているように思われるが，それでも，例えばクリでは，柱頭面は花粉粒の5倍程度の直径しか無く（中村1992b），極めて小さな範囲であることがわかる．

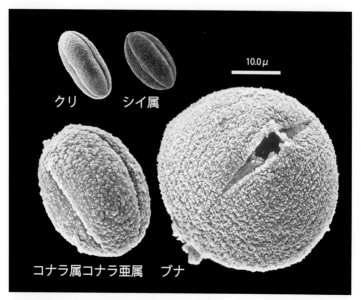

図 3-20 ●ブナ科における花粉の大きさの比較．クリ，シイ属は虫媒花，コナラ属，ブナは風媒花を着ける．写真：三好教夫．

4 奇妙な受精過程

　ブナ科だけでなく，カバノキ科やヤマモモ科，モクマオウ科などブナ目の植物では，通常の植物では 1，2 日間で終了する**受粉**から**受精**までの過程に，数週間〜1 年以上と非常に長い期間を要することが知られている（Benson1894）．これは受粉時，胚珠自体がまだ未発達で，胚珠が完成して受精可能になるまで時間を要す

るためである．その間，花粉管は途中で伸長を停止しつつ，断続的に伸長する．ブナ科では，子房内にある複数の胚珠のうち，受精して種子にまで発達する胚珠は通常，1個のみで，他の胚珠は受精せず枯死，委縮してしまう．

Cecich（1997）は，北米産のコナラ属3種（クエルクス・アルバ *Quercus alba*，アカナラ *Q. rubra*，クエルクス・ベルティナ *Q. velutina*）について，受粉後，受精に至るまでの花粉管の伸長過程について報告している．いずれの種でも，受粉後，花粉はすぐに発芽して花粉管が伸長し始めるが，5月中旬，花柱の基部に達した時点で一度，伸長を停止する．花粉管が伸長を再開するのは，最も早いクエルクス・アルバで6月初め，受精に至るのは同月中旬，アカナラでは翌年の5月中旬に伸長を再開し6月中旬に受精，クエルクス・ベルティナでは翌年の6月初旬に伸長を再開し，6月末に受精に至るという．

おなじくコナラ属のクヌギ（ただし北米に植栽された個体）についても，開花から受粉，受精，果実の成熟に至るまでの過程が，詳細に観察されている（Borgardt and Nixon 2003）．それによれば，開花と受粉は5月中旬に生じ，花粉も発芽して花粉管を伸ばすが，この時点では，子房は未発達でほとんど確認できない．花粉管は途中で伸長を停止し，受精に至る過程は中断する．雌花自体，花柱や花被が枯れて硬化するほかは，翌年の春までほとんど構造的な変化を示さない．約1年後，雌花は成長を再開し，7月中旬頃に胚珠が完成して受精に至る．受粉から受精まで約14カ月を要することになる．その後，急速に果実が成長して9月下旬には成熟する．

ブナ属では，日本産のイヌブナについて詳細な研究がなされている（Sogo and Tobe 2006）．本種でも受粉時，胚珠は未成熟で，成熟するまで5週間を要すること，その間，発芽によって生じた多数の花粉管は子房内に留まり，2回の伸長停止期間を経て，減数しながら断続的に成長して，最終的に1本の花粉管のみが，ただ1個の胚珠と受精して成長することが明らかにされている．

　またクリ（ただし大和早生など園芸品種）については，中村による一連の研究（中村 1986, 1991, 1992a, 1992b, 1994, 1996, 2004, 2005, 2006, 2007）がある．それによれば，受粉から受精に至る過程は以下のようである．受粉は7月上・中旬，花柱が外部に突出した3，4日後から生じる．柱頭は花柱先端の直径50 μm 程度の小さな凹部である．受粉すると花粉は間もなく発芽して花粉管を伸ばし始め，16〜18日を経て，胚珠の位置する花柱の基部まで達する．受粉の時期，胚珠はまだ，未完成である．7月下旬にやっと胚珠が構造的に完成し，ほどなく7月末から8月初めに受精する．受精する胚珠は1個のみで，残りの胚珠（17個前後）は8月初めから珠心が褐変し，成長しないまま萎れてしまう．9月上旬には受精したただ1個の胚珠が子房内の大部分を占めるようになる．

　以上のように，ブナ科の受粉・受精過程は極めて特徴的である．花粉管の成長は断続的で，結果的に1本の花粉管のみが，ただ1個の胚珠との受精に成功する．このことにはどのような意味があるのだろうか．ひとつの効果は，受粉から受精までの途中，特定の場所で成長が遅滞して花粉管の長さが揃うので，受粉した時期の多少の違いにかかわらず，多くの花粉（管）が平等な条件で胚珠への到達競争に参加しうることであると考えられている（Dahl and Frederikson 1996).すなわち,受粉時期の多少の違いは偶然に支配される部分が大きいと想定され,受粉時には自然選択は働きにくいが,花粉管の伸長速度は遺伝的な支配をうけると考えられ,数次にわたる花粉管の成長遅滞を挟むことで,遺伝的に花粉管の成長が速い花粉が受精に成功する可能性が高まるといえる.一方,胚珠も成長が遅く,結果的に最も成長の良い胚珠のみが受精に成功する.これは,成長の速い,すなわち遺伝的に優れた胚珠を選択するとともに,捨ててしまう胚珠への余分な物質投資を避ける効果があると考えられている(Sogo and Tobe 2005, 2006).

　受粉後まもなく果実の成長がほぼ完全に停止し,1年後になってからようやく再開する例は,上記のコナラ属のほか,スダジイ属やマテバシイ属,トゲガシ属でも観察され,ブナ科では普通に見られる現象である.しかし,なぜ,1年もの長期間,成長が停止するのかの進化的,生態学的な理由ははっきりしない.受粉から受精までに1年あるいはそれ以上の長期を要するのは,針葉樹では普通の現象である.これは,雌性配偶体も雄性配偶体も発生が極めてゆっくりと進むためである(戸部 1994).しかし,ブナ科の植物の場合,一方で,受粉後,1～2か月以内に受精して種子が成長を開始する種も多数,見られるので,針葉樹と同じ理由では説明がつかないように思われる.生態的な説明としては,昆虫による花や未成熟な果実の被食を避けるためという可能性も想定しうるように思うが,よくわからない.

表 3-1 ● ブナ科各属の花序の構成と送粉様式.

属	花序の構成	雄花序			雌花序		送粉様式
		束生する雄花の数*	形態	悪臭	束生する雌花の数*	柱頭の形態	
ブナ属	雄花序／雌花序	6-10	頭状, 垂れ下がる	無	2	舌状	風媒
カクミガシ属（狭義）	雄花序／雌雄同花序	(1-)3-7(-15)	穂状, 上向き	有	(1-)3-7(-15)	頭状	虫媒
コロンボバラヌス属	雄花序／雌花序	2-7	穂状, 上向き？	？	2-5(-11)	頭状	風媒？
フォルマノデンドロン属	雌花序／雌雄同花序	(1-)3-7	穂状, 上向き, 先端は下垂	？	1-3(-7)	頭状	風媒？
クリ属	雌雄同花序／（雄花序）／（雌花序）	1-3(-5)	穂状, 上向き, 先端は下垂	有	1-3	点状	虫媒（風媒）
シイ属	雄花序／雌花序／（雌雄同花序）	(1-)3-7	穂状, 上向き	有	1 または 3-5(-7)	点状	虫媒
トゲガシ属	雄花序／雌花序／雌雄同花序	3	穂状, 上向き	有	(1-)3(-多数)	点状	風媒・虫媒
マテバシイ属	雄花序／雌花序／雌雄同花序	3-5(-7)	穂状, 上向き	有	1 または (2-)3(-7)	点状	虫媒
コナラ属	雄花序／雌花序	1 または 3-4	穂状, 下垂する	無	1	舌状／頭状	風媒
ノトリトカルプス属	雄花序／雌雄同花序	3	穂状, 上向き	有	1	点状	虫媒（風媒）

＊：括弧内の数字は稀であることを示す

5 複雑な花序

　ブナ科において花序の構造は，殻斗の構造や送粉様式と関連しており，多様である（表3-1）．ブナ科の花序の基本形は，二出集散花序が，細長い枝上に穂状に配列して作る複合花序（**二出集散穂状花序**）であると考えられ，この花序から科内で見られる多様な花序が進化したと考えられている（図3-21；Okamoto 1991）．し

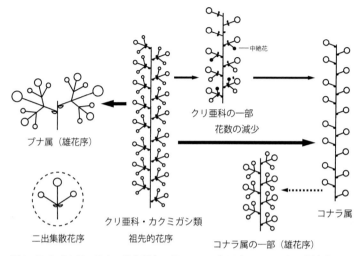

図 3-21 ●ブナ科の花序の進化傾向. Okamoto (1991) の Fig.2 を一部改変して作成.

かし,花が小型なことに加え,ブナ科の二出集散花序はごく小さく短縮化していることが多く,花序の構造を極めて解りにくいものにしている.花序の軸には,1カ所に複数の花がかたまって着いているように見えるが,これは二出集散花序が短縮化したものである.花数も減少して変化することが多い.

 ブナ科内で最も特徴的な花序は,ブナ属で見られる.雄花序は丸い頭状の花序となって葉腋から垂れ下がり,雌花序は,未発達な殻斗に包まれて,直立した柄の先に1個づつ着く(図 3-22).一見,他のブナ科で見られる穂状の花序とは全く異なる形態に見えるが,発生学的な研究から雄花序,雌花序ともに,2個の集散

図 3-22 ●ブナの雌花序（写真左上）と雄花序（写真下側）．宮城県栗原市．

花序からなる，著しく短縮化した穂状花序であることが明らかにされている（図 3-21；Okamoto1989）．

　カクミガシ類では，雄花序と雌花序，雌雄同花序（雄花と雌花が同一花序に着く）が見られる（図 3-23, 3-24）．花序は穂状で直立し，花は1カ所に3〜7個がまとまって着く．これは短縮化した二出集散花序であると考えられている．雌花序の基部は未発達な複数の殻斗片に被われるが，ブナ属のように花全体が被われることは無い．カクミガシ（狭義）では，他の2種と異なり，葉序は互生では無く三輪生であるため，1カ所に3個の二出集散花序が

第Ⅲ章 どんぐりの形態学

図3-23●カクミガシ *Trigonobalanus verticillata* の雄花序(上)と雌花序(下).どちらも撮影はマレーシア・ブロンタウ国立公園.

図 3-24 ●フォルマノデンドロン・ドイチャンエンシス *Formanodendron doichangensis* の雌花序と雌雄同花序（最下の花序）．雌花は一カ所に 3 個着く場合と 1 個しか着かない場合がある．スキャン：大野啓一．

着くことになり，きわめて多数の花が枝の 1 カ所に輪生しているように見える（図 3-23 下）．一方，フォルマノデンドロン属では，二出集散花序の花数が減少して，1 カ所に着く花は 1 個だけになることが普通に見られる（図 3-24）．また，フォルマノデンドロン属では，雄花序および雌雄同花序の先端部（短い雄花序が着いている）は垂れ下がり，風に揺れて花粉を出しやすい構造になっている．

マテバシイ属でも，雄花序，雌花序，雌雄同花序の 3 タイプが見られる．花序はいずれも穂状で直立している．本属では，細長い雄花序が伸長成長の途中で，さらに分枝して広がることが普通に見られ，花序の構造の点からは，ブナ科の中で最も多様化している（Kaul1986；図 3-25）．雌花序の軸の 1 カ所に着く花数は，3

第Ⅲ章 どんぐりの形態学　99

図 3-25 ● マテバシイ属の花序．上，マテバシイの雄花序と雌花序　どちらも枝先に着き，分枝しない．雌花序の先端付近には少数の雄花がついているので，正確には雄雌同花序である．下，リトカルプス属の雄花序．複雑に分枝している．上，南房総市；下，マレーシア・ブロンタウ国立公園．

図 3-26 ●シイ属の花序.上,スダジイの雄花序と雌花序(破線内).ともに分枝しない.下,カスタノプシス・オビフォルミス *Castanopsis oviformis* の分枝した雄花序.分岐点に卵型の苞が目立つ.上,千葉県千葉市;下,マレーシア・ボルネオハイランド.

個が基本であるが，これ以上着く場合もあり，また，減数して1個しかつかない種も見られる．同一種でも変異がある．

　シイ属でも，雄花序，雌花序，雌雄同花序の3タイプが見られる．花序はいずれも穂状で直立している．雄花序は通常分枝しないが，一部の種では，マテバシイ属のように分岐して広がる穂状花序も見られる（Kaul 1986；図3-26）．マテバシイ属同様，雌花序の軸の1カ所に着く花数は3個を基本とするが，これ以上着く場合もあり，また，減数して1個しかつかない種も多く見られる．マテバシイ属との大きな違いは，1カ所に着く複数の雌花全体が，ただ1個の殻斗に包まれることである．

　クリ属では，雄花序，雌雄同花序の2タイプが見られ，稀に単独の雌花序が見られることもある．雄花序は長く伸びて穂となるが，雌花序は全く伸びず，若い殻斗に包まれて球形をしている（図3-27）．

　コナラ属の花序は，上記のマテバシイ属やシイ属，クリ属の花序とは大きく異なっている．まず，ブナ属のように雄花序と雌花序が完全に分化し，雌雄同花序は見られない．また，雌花序では，1カ所に着く花数は1個で，他の属のように複数となることは無い．雌花は1個の殻斗に被われている．また，雌花序の軸がマテバシイ属やシイ属と比べて短いのも特徴である．雄花序においてもアカガシ亜属の一部の種の除き，1カ所に着く花数は1個である．また，雄花序の花序軸は細くて，長く垂れ下がり，風で花粉を放出しやすい形となっている（図3-28）．

図 3-27 ●クリの花序．円内が雌花序．

図 3-28 ●クヌギの雄花序．枝先に垂れ下がり，風に揺れて花粉を飛ばす．千葉県千葉市．

6 送粉様式

　送粉様式について，前述のようにブナ属とコナラ属は風媒，クリ属やシイ属，マテバシイ属は虫媒であると考えられている．風媒の2属では，雄花序は垂れ下がって風に揺れ，大量の花粉を散布する．一方，虫媒の3属では，雄花序は横向きあるいは上向きに着き，昆虫の訪花を待ち受ける．また，動物の精液に似た1種の悪臭を発散して昆虫を引き付ける．梅雨時にクリの花が放つ匂いは，多くの人に馴染み深いものであろう．

　残りの属の送粉様式ははっきりしない．両者を行う風虫両媒 (ambophily) なのかもしれない．カクミガシ類のうち，カクミガシは直立する雄花序の形から虫媒とされている．カクミガシの雄花には嫌な匂いがあると報告されており (Forman 1964)，この点も虫媒を支持する．一方，フォルマノデンドロン属では，雄花序の先端がやや下垂することから風媒とされている．しかし，フォルマノデンドロン属の雄花には甲虫が訪花しているのが観察されており，虫媒もするかもしれない (Sun et al. 2006)．コロンボバラヌス属については情報がない．ノトリトカルプス属は虫媒だが，風媒もある程度行い (Wright and Dodd 2013)，トゲガシ属は風媒だが虫媒も行うとされている (McKee 1990)．クリでも，長く伸びた雄花序は垂れ下がり，風媒も行われているという指摘がある (岡本 1995)．

　以上のように，ブナ科の中で遺存的と考えられる属で，送粉様式のはっきりしない種が多く見られることは興味深い．高橋

(2017) は，被子植物の初期進化において，風媒と虫媒の両方を行う植物から，花弁や蜜腺を発達させて，もっぱら虫媒により送粉する植物と，多量の花粉を生産して，もっぱら風媒により送粉する植物の両者が分化していったのではないかと推定している．ブナ科においても，風媒と虫媒が未分化な状態から，虫媒と風媒が明瞭化する方向に，属レベルで進化したのではないだろうか．

送粉様式は，植物の**フェノロジー**とも関係があると考えられている．温帯産の落葉樹では，開葉とシュートの伸長は，春に多くの個体で同調して生じ，開花も通常，これと同調して起きるので，他家受粉には都合が良い．一方，春は低温のため，送粉者となる昆虫の個体数はまだ少ない．このため，虫媒よりも風媒の方が効率的に送粉できるため，風媒が進化したと考えられている（Kaul 1986）．

一方，熱帯産のブナ科植物のフェノロジーや開花については，研究が少なくまだよくわかっていない．主にシイ属とマテバシイ属についてなされた観察によれば，開花は乾期に集中して葉の展開と同時に生じ，中には3〜5週間おきに開花を繰り返す種も見られた（Kaul et al. 1986）．虫媒であるシイ属とマテバシイ属の開花のピークは，昆虫の活動が最も活発な時期と一致していた．一方，風媒であるコナラ属の開花は，熱帯でも，さまざまな時期（最湿潤期を除く）にわたるとされている．

7 │ 子房の成長——果実へ

　すでに述べたように，ブナ科の雌花において，子房は3室に分かれ（クリでは基本的に9室），各室内に2個の胚珠がある．胎座は中軸胎座である．このような子房の内部構造は，開花時には確認できないが，少し時間が経ち，受精が行われる時期には完成している（図3-17）．その後，果実がさらに成長，成熟していく過程で，子房（果実）内の構造は大きく変化していく．完成した果実を見ると，種子は1個で，その大部分を1対の子葉が占めるという点で，ブナ科全体はよく似た形態を示すといえるが，そこに至るまでの胚と果実の成長過程は，コナラ属とそれ以外の属で大きく異なっている．

　すなわち，コナラ属以外の属（ノトリトカルプス属は未確認）では，受精後，子房壁（果皮）の成長に伴い，まず，胎座の中軸部分（維管束が走っている）が上方に成長し，中軸の上端付近に着いている胚珠も，全て果実の頂部に位置するようになる．子葉はまだ発達しておらず，成長した果実内の大部分は果肉（主に肥大した子房隔壁と内果皮）によって占められる．その後，胚珠の発生が進行して子葉が成長し，最終的に果肉に置き換わって果実内を満たすようになる．すなわち果実の成長は種子の成長に先行し，両者の間には大きな時間的ずれがある．まず入れ物（果実）を作り，その完成後に中身（種子）を作るのである．このような成長パターンはクルミ科とも共通し（Vander Wall 2001），堅果の成長パターンとしてよく見られるものである．

一方，コナラ属では，中軸は全く伸びないか，途中までしか伸びず，発達途中の果実の中は，比較的，初期から子葉を含む胚珠によって占められる．果実の成長は子葉の成長を伴って進み，両者の間の時間的ずれは小さい．

上記のような成長過程の違いは，成熟した果実内のどこに委縮した胚珠が残されているかという違いに対応しているので，成熟したどんぐりの内部を見れば，どちらの成長過程を持つかが判定できる．すなわち，最初に中軸が成長する場合は，委縮した胚珠はどんぐりの頂部直下にあり，中軸が伸びない場合は底部，途中まで伸びる場合は側面に委縮した胚珠が見られる（図 3-5, 3-6, 3-7, 3-8）．

日本産のブナ科の果実について，主に外部形態から見た成長過程については，小林・緑川（1959）による記載がある．しかし，内部構造の変化については，ほとんど触れられていない．以下に，いくつか日本産の種の果実の成長過程を比較してみよう．

まず，ブナでは，受粉後，受精までに 4, 5 週間を要し，さらに子葉が分化して胚が形成され，発達を開始するのが 8 月上旬，子葉がほぼ完成するのは 8 月下旬とされている（三上・北上 1983）．一方，果実の果皮は殻斗と共に開花後，急速に成長し，わずか 1 か月あまり（6 月上旬）で成熟サイズに達する（橋詰・福富 1978；箕口・丸山 1984）．この時期，まだ受精は行われていない．果実（果皮）の成長と子葉の成長には，3 か月近い時間的ずれがある．

クリでも開花後，7 月中旬に胚珠が完成し，その直後に受精が起きるが，胚珠が急速に発達を開始するのは 8 月中旬からである

(中村 1986)．この間，果実のサイズ（縦径）は7月中旬からほぼ一定速度で成長していくが，果実重が急速に増加し始めるのは8月下旬以降である．果実重の急速な増加は，胚珠内で子葉が急速に成長し肥大していくことに対応している（中村 2005）．

マテバシイでは，5月末～6月初めに開花し受粉するが，その後，約1年間，雌花はほとんど成長を停止してしまう（口絵17参照）．冬の間に，殻斗がしだいに発達し，雌花序は軸から，やや盛り上がった状態となる．4月以降，子房もゆっくりと成長し，5月中旬には，胚珠も完成して受精に至ると推定される．受精後，果実は急速に成長を開始して，6月上旬には殻斗から抜け出し，8月上旬にはほぼ成熟サイズに達する．しかし，胚珠はまだ小さく，果実内の大部分は，緑色の内果皮によって占められている．その後，果実内で胚珠が急速に成長し，9月上旬には子葉が果実内の大部分を占めるようになる．

スダジイの果実の成長過程は，散布直前まで殻斗に被われているという点を除けば，マテバシイの果実の成長過程とよく似ている（口絵18参照）．ただし，子葉が果実内で成長するのは，マテバシイよりも約1か月遅く，9月上旬～10月上旬にかけてである．これは種子散布がマテバシイよりも1か月ほど遅いことに対応している．

一方，コナラでは，4月中旬に開花，その後，5月中旬に胚珠が完成し受精，中軸維管束は全く伸びないまま，6月上旬には1個の胚珠が成長を初めている（口絵19参照）．胚珠の中は最初，液状の胚乳が大分を占めているが，7月中旬には子葉が大部分を占めるようになる．8月中旬，果実はまだ，成熟サイズの1/3

ほどであるが，内部では子葉が大きく成長している．その後，果実の成長と共に，内果皮の乾燥と縮小，子葉の成長が進み，9月中旬にはほぼ成熟サイズに達する．

クヌギは結実まで2年を要するので，受粉後まもなく成長を停止してしまう点がコナラと異なる．開花翌年の春になっても，殻との鱗片が木化して硬くなっている点を除けば，子房の内部形態は，開花時とあまり変わらない．5月以降の成長過程は，コナラとよく似ており，果実の成長と子葉の成長はほぼ平行して進行する（口絵20参照）．

コナラ属は，分子系統解析の結果から，クリ属やシイ属，マテバシイ属などクリ亜科の植物から分化した，現生のブナ科の植物の中では派生的な植物群と考えられている（図2-1；Oh and Manos 2008）．したがって，上記のような，果実の成長と子葉の成長が並行して進む成長様式は，コナラ属において新たに進化したと考えられる．コナラ属のアカナラ節，プロバラヌス節，アカガシ亜属の種で，中軸維管束が途中まで成長する例が見られるのは，このような性質の進化の中間段階にあることを示すものなのであろう．

8 殻斗の起源

殻斗はブナ科を特徴づける器官で，若い果実を包んで護っている．成熟時は，コナラ属のように果実の基部に着く椀状の形をしていたり，クリ属のように果実全体を包む球形であったりする．

その表面は，多数の鱗片や鋭いトゲに被われていることが多いが，ほぼ平滑な場合もある．また，同心円状あるいはらせん状の模様が見られる場合もある．マテバシイ属やシイ属では複数の殻斗が癒合して大きな塊となることも多い．殻斗の形態は非常に多様で，種ごとに異なり，ブナ科の種類を区別する上での最大の特徴となっている．

殻斗はブナ科以外の植物には見られず，特殊化の進んだユニークな器官である．このため，発生的な起源，すなわち，どのような器官がどのように変形して出来上がったものか不明な点が多く，多くの議論がなされてきた．葉的器官（花や花序の基部の葉，**苞葉**）が変形したものと考えられたこともあるが（Payer, 1857 ; Eichler, 1878），現在では，茎的器官，すなわち，ブナ科の花序を作る二出集散花序の高次の枝（茎および**介在成長**）が集合したものと考えられている（Nixon and Crepet 1989）．

9 花序殻斗と花殻斗

殻斗は，その形態から，(1) ブナやクリのように，複数の殻斗片 (valve) が組み合わさっているタイプと，(2) コナラ属やマテバシイ属のように，単一で殻斗片にわかれない椀形のタイプに分けられる（図3-29）．(1) は原則的に複数の果実を含み，成熟すると殻斗は割れて，中から堅果が現れる．(2) は中に単一の堅果があり，成熟した堅果は殻斗から抜け出すように大きく成長して外部に現れる．

図3-29 ●ブナ科の殻斗の例．上段，花序殻斗；下段，花殻斗．左上，ブナ（ブナ属）．殻斗内の果実は2個．右上，クリ（クリ属）．殻斗内の果実は3個．左下，リトカルプス・グラキリス *L. gracilis*（マテバシイ属）．殻斗内の果実は1個．右下，クヌギ（コナラ属）．殻斗内の果実は1個．ブナ，クリ，クヌギの写真：大野啓一

このうち，(1)のタイプは殻斗内に複数の堅果を含むことから，殻斗は花では無く，花序（果序）を包んでいることになる．花序の基本形は二出集散花序である（図3-21）．このタイプの殻斗を

図3-30 ●リトカルプス・ケリファー *L. cerifer* の果実序．花序の1か所に3個の果実が着くが，未発達に終わるものが多い．タイ・インタノン山．

花序殻斗（dichasium cupule）と呼ぶ（Oh and Manos 2008；定まった日本語訳がないので，こう訳しておく．花殻斗についても同じ）．堅果は断面が三角形で，ソバの実のような三稜形をしている．断面が丸に近い場合もあるが，その場合でも2〜3本の稜がある．カクミガシ類の3属，トゲガシ属，ブナ属，クリ属，シイ属がこのタイプの殻斗を持つ．フォルマノデンドロン属やシイ属，クリ属では，殻斗内の果実数が1個（日本産のスダジイやコジイもこのタイプ）になる場合もあるが，属内での二次的な進化の結果と考えられている．

一方，(2)のタイプは，殻斗に包まれているのは単一の雌花に由来する単一の果実であり，**花殻斗**（flower cupule）と呼ぶ．マ

テバシイ属，コナラ属，ノトリトカルプス属がこのタイプの殻斗を持つ．コナラ属，ノトリトカルプス属では，殻斗は花序の軸に1個ずつ離れて着くが，マテバシイ属では，一カ所に1個ずつ着く場合と，3個あるいはそれ以上がまとまって着く場合とがある．1個ずつ着く場合は，殻斗だけではコナラ属と区別できない．3個以上着く場合，1カ所に着く複数の雌花のうち，1個しか果実にまで成長しないことが多いので，成長した果実の殻斗の基部には未成熟なままに終わった小さな殻斗が付着していることがよく見られる（図 3-30）．

10 ブナ科の系統と殻斗の進化

1964年にボルネオ島のキナバル山から発見されたカクミガシ *Trignobalanus verticillata* は，ブナ科としての新属の発見（Forman 1964）であり，しかも，この属が原始的な形質を持つと考えられたことから植物学的に大きな話題となった．さらに，Forman（1966）は，カクミガシ属を含むブナ科の各属を特徴づける殻斗や果実の形の関係を，初めて系統的に整理した．それまでにも，発生学的あるいは解剖学的見地から，ブナ科の殻斗の進化を推定した研究（Brett1964；Hjelmquist1948）はあったが，ブナ科の全属を対象として，花序殻斗と花殻斗の起源と進化の道筋を，統一的に考えることを可能にした本説は画期的なものであった．この説では，1個の三稜形果実が3枚の殻斗片に包まれ，さらに3個ずつ集まった形を共通の祖先系とし，殻斗数と果実数の減少を基本的な進化傾向と

して考え,ここから(1)マテバシイ属へと進化する系列と,(2)トゲガシ属→カクミガシ属を経て残りの各属へと進化する系列が描かれた.その後の学問的な進展,特に分子系統学の進歩によって,ナンキョクブナ属がナンキョクブナ科としてブナ科から除外されたことや,ノトリトカルプス属が,北米産のリトカルプス属 *Lithocarpus densiflorus* に対して新設されたことなどがあり,Forman (1966) の仮説はそのままでは受け入れられないものになってはいるが,依然として,ブナ科の殻斗の進化を考える上での基本的な視点を提供している.

Oh and Manos (2008) は,分子系統解析に基づくブナ科の**系統図**をベースに,殻斗形態の進化について検討した(図2-1).この研究では,Forman (1966) が想定したのとは異なり,ブナ属とカクミガシ属が最も祖先的な属として位置付けられ,ブナ属以外の各属は,カクミガシ属で見られる殻斗・果実の構成を最も祖先的なものとして,主に殻斗片数および果実数の減少によって生じたと考えている.すなわち,クリ属やシイ属の殻斗は,カクミガシ型の殻斗から,殻斗片が癒合することによって生じ,コナラ属やノトリトカルプス属の花殻斗は,カクミガシ属やクリ属,シイ属に見られる花序殻斗(4殻斗片・3果実)から,さらに殻斗片と果実の数の減少によって生じたこととなる.

一方,トゲガシ属は,3個の果実が殻斗に包まれた上に,果実と果実の間にも,しきり(殻斗片)があるのが特徴である.Forman (1966) は,このしきりを,向かい合う2枚の殻斗片が癒合して生じたと考え,トゲガシ属→カクミガシ属の進化方向を想定したが,その後の発生学的な研究(Okamoto 1991)では,この説

は否定され，しきりは果実間に2次的に発生したと考えられた．この場合は，カクミガシ属→トゲガシ属の進化方向となる．また，Forman（1966）はマテバシイ属の花殻斗が，カクミガシ型の花序殻斗から，中にある3個の果実がそれぞれ分離することによって生じたと考えたが，Oh and Manos（2008）は，カクミガシ型の花序殻斗が3個，集合した状態を想定し，それぞれの花序殻斗が，殻斗片と果実の数の減少によって，1個ずつの殻斗と果実になった可能性があると考えた．どちらが正しいかは決着がついていない．

さらに，ブナ属の花序殻斗（4殻斗片・2果実）を，Forman（1966）はナンキョクブナ属に見られる花序殻斗（4殻斗片・3果実）の，中央の果実が退化して生じたと考えた．しかし，その後の研究では，ブナ属の花序は互生する2個の集散花序がひとつになったもので（Okamoto1989），花序の基本構成が，カクミガシ属とは全く異なるとされている．すなわち，ブナ属の殻斗および果実の進化はカクミガシ属とは全く異なる過程を経て形成されたものであると考えなければならない．分子系統解析に基づくブナ科の系統図（図2-1）においても，ブナ属はブナ科の他の属とは，大きく離れた別系統に位置づけられており，Okamoto（1989）の発生学的研究の結果と符合しているように考えられる．

11 果実の散布

どんぐりは成熟すると殻斗から離れて落下し地表に散布され

る．ブナ属やシイ属，クリ属のように複数の殻斗片に包まれている場合は，殻斗片が割れて開き，中からどんぐりが落下するのが普通である．殻斗が十分には開かず，殻斗ごと落下した場合でも，殻斗には裂け目があり，中からどんぐりが覗いている．一方，コナラ属やマテバシイ属では，どんぐりは椀状の殻斗から抜け出すように成長して落下するのが普通であるが，中には殻斗から抜け出す事無く，殻斗ごと落下する種もある．例えば，ヒマラヤに分布するコナラ属のクエルクス・ラメロサ *Quercus lamellosa* のどんぐりは厚い殻斗に包まれたまま落下する（コラム1参照）．また，マテバシイ属でもシナエドリス節（Cannon 2001）とされる種の堅果は，殻斗に包まれたまま落下する（コラム1参照）．このような種では，果実は殻斗（しばしば厚い）に包まれたままなので，そのままでは発芽できず，殻斗が腐るか動物等によって除去されて初めて発芽できるように思われる．さらに，マテバシイ属の果実は長い花序ごと落下することも多い．この場合も，落下してから，個々のどんぐりは哺乳類によって1個ずつ持ち去られ，散布されると考えられる．

第Ⅳ章 | *Chapter IV*

ブナ科植物の芽生え

　日本のブナ林，特に日本海側のブナ林で調査をしていると，林の中でブナの芽生え（実生）を見ることが普通である．大量の実が稔った豊作年の翌年の春には，踏みつけないでは歩けないほど大量の実生が発生する．実生の大半は1年以内に枯れてしまうが，数年以上，生き残るものもあり，林の下には，いつでもブナの実生が見られるのが普通である．林冠ギャップが形成されて明るくなると，これらの実生が成長して林を再生していく．実生バンクという言葉がぴったりする．一方，熱帯林でブナ科の植物を探して歩いていても，ブナ科の植物の実生を見ることは稀である．大量に堅果が稔った直後には多くの実生が出るはずだが，すぐに枯れて消失してしまうのだろうか．

　このような実生の生態は，森の再生にとって重要なので，多くの研究がなされてきた．ブナ科の実生については，日本でもブナやミズナラなど落葉樹の実生を中心に多くの研究がある．一方，常緑性のブナ科植物の実生に関する研究は，これに比べると少なく，特に，熱帯林のブナ科の植物については，よく解らない点が多い．

　ブナ科植物の種子は植物の中では大型の部類に属し，実生も比

較的，大きい．種子に長期の**休眠**性は無く，乾燥には比較的，弱いといった共通性がある．一方，これまで述べてきたように，科内には分類学的多様性があり，堅果や殻斗の形態も様々である．これらの多様性は，実生の形態や生態の多様性とも関連しているはずである．本章では，実生の形態や発芽，初期成長の多様性や，その生態的背景について，検討していくこととしよう．

1 実生の多様性

　植物の種子の中には子葉がある．この子葉は，種子の発芽後に種子から出て，地上に展開する場合（**地上子葉性**）と，発芽後も種子に包まれたまま，地表付近にとどまる場合（地下子葉性）とがある．このような違いは，生態的に重要な意味があると考えられている．つまり，地上子葉性の植物では，子葉に葉緑素が含まれ，光合成によって物質生産を行って幼植物に供給することできる．一方，地下子葉性の植物では，子葉に葉緑素は含まれず，成長のための貯蔵物質（炭水化物や脂質，栄養塩類）を溜めこんで，幼植物に供給することに特化している．また，地下子葉性には，貯蔵養分に富む子葉を地下に隠して，昆虫や哺乳類などによる被食を回避する意味もあると考えられる．

　ブナ科では，地上子葉性と地下子葉性の両者が見られることが特徴である（図4-1）．すなわち，ブナ属とカクミガシ類が地上子葉性，他の属は地下子葉性を示す．分子系統解析に基づくブナ科の系統図では，ブナ属とカクミガシ類は最も祖先的な位置にあり，

第Ⅳ章 ブナ科植物の芽生え 119

図4-1 ●ブナ科植物の地上子葉性実生と地下子葉性実生．上，地上子葉性の実生，ブナ；下，地下子葉性の実生，コナラ．どちらも本葉が開いている．
写真：大野啓一

ブナ科では地上子葉性から地下子葉性への進化が，ただ1回，生じたことになる（Oh and Manos 2008）．この進化は，子葉の大型化と並行して生じたように思われる．このような進化は何を意味するのだろうか．

ブナ科の堅果は，哺乳類や鳥類による分散貯蔵によって撒布されることが特徴である（第6章参照）．動物を引き付けるためには，大型化して餌としての魅力を高めることが効果的である．しかし，そのことは食べられてしまうリスクを高めることにもつながる．シイ属やマテバシイ属，コナラ属など地下子葉性の属では，大きな堅果や，果皮やへそが肥厚して堅くなった堅果を持つ種がいろいろ見られ，果実の形態が多様である．この多様性は，餌としての魅力を高める必要性と，食べ尽くされることは回避しなければならないというジレンマの中で進化してきたように思われる．

一方，地上子葉性のブナ属とカクミガシ属では，堅果はいずれも比較的，小型で，果皮やへそが極端に肥厚した種も見られず，形態学的多様性が低い．これは，地上部に子葉を展開して光合成を行わなければならないという必要性から，取りうる形が限られたためではないだろうか．ブナ科では，地上子葉性から地下子葉性に移行することによって，堅果や殻斗が様々な形や大きさに進化することが可能になったように考えられる．

2 地上子葉性と地下子葉性

地上子葉性のブナ属では，子葉は堅果内に折り畳まれて入って

いる．ブナとイヌブナでは，イヌブナの方が，子葉が薄く，かつ複雑に折り畳まれている（岡本 1976）．このため，堅果はイヌブナの方が小型であるにもかかわらず，イヌブナの実生（図 4-2）の方が展開時の子葉の面積は大きい．これ以外にも，イヌブナでは子葉が高い位置に着き，本葉も薄くて大きいといった違いや，イヌブナの方が 2 倍以上も長く子葉を着け，逆に本葉はブナの方が早く展開するなどフェノロジーの違いもある（Yamamura et al. 1993）．また，両種とも，子葉は陽葉型の光 - 光合成特性を持ち，最大光合成速度はブナの方がやや高く，本葉なみの速度を示すことも確認されている．ブナやイヌブナの生育する落葉広葉樹林では，実生が発生する春先の明るい光環境を利用することが，実生の生存のために極めて重要であるため，このような子葉の性質が進化したと考えられる．

一方，地下子葉性の種では，実生の初期成長は子葉に貯えられた貯蔵養分によるので，子葉の重量，すなわち堅果のサイズは，どのような初期サイズの実生を作るかということに密接に関係している．例えば，日本最大のどんぐりを持つオキナワウラジロガシは，実生も大きく，**上胚軸**を長く伸ばし，地上 30cm あまりの高さに本葉を展開する．一方，コナラの実生では本葉の高さは，その半分の 15cm 以下である．暗い林床では，本葉を高い位置に展開できるほど，周囲の植物による被陰を回避して，生残，成長するのに有利であると考えられる．大きなサイズの堅果を持つ種ほど，あるいは同一種でも大きな堅果ほど，大きな実生を作ることは，多くのコナラ属の種で報告されている（Aizen and Woodcock 1996；Kennedy et al. 2004；Quero et al.2007）．

また，大きな地下子葉には，幼植物へ供給する貯蔵物質を余分に確保しておき，何らかの理由で幼植物が地上部を失った際に，地上部を再生する物質を供給するという保険的な役割も想定される．コナラ属では，実生萌芽（動物による被食や乾燥などによって地上部を失った実生の基部から発生する萌芽再生枝）は，比較的よく見られる現象である（Olson and Boyce 1971；Del Tredici 2001）．日本産のスダジイでも，実生萌芽が確認されており，暗い林床での生存上，有利と考えられている（山下 1994；Takyu 1998）．中米産のコナラ属 2 種では，実験的に堅果サイズと実生の成長・生残との関係が調べられ，堅果サイズは実生の成長と生残に正の相関を持ち，大きな実生ほど地上部を失ってもすばやく再生することが見出されている（Bonfil 1998）．

3 | 実生の形態

岡本（1976）は，日本産のブナ科の実生について形態学的観点から比較し，下記のように整理している（各型の実生のスキャン画像を図 4-2 に示す）．

（1）E 型：地上子葉性，ブナ属

（2）H-Ⅰ型：地下子葉性で，上胚軸上の初期葉は**鱗片葉**，かつ発芽前には初期葉の**原基**がまだ形成されていない型，クリ属，シイ属，マテバシイ属，イチイガシ

（3）H-Ⅱ型：地下子葉性で，上胚軸上の初期葉は普通葉である型，イチイガシを除くコナラ属アカガシ亜属，クヌギ，アベマ

図4-2 ● ブナ科の当年生実生のスキャン画像. 左上, アカガシ; 右上, クリ; 左下, コナラ; 右下, ブナ. 白い矢印は鱗片葉の位置を示す. 大野啓一氏作成のスキャン画像を合成して作成.

キ(クヌギとアベマキでは上胚軸に沿って一列に並んだ鱗片が認められるが, これは子葉の腋芽に由来するものと見なされている).

(4) H-Ⅲ型:地下子葉性で, 上胚軸上の初期葉は鱗片葉, かつ発芽前にその原基が形成されている型. クヌギとアベマキを除くコナラ属コナラ亜属

また, 国外産の, 特異な子葉を持つシイ属の1種カスタノプシ

ス・フィッサ *Castanopsis fissa*（第Ⅲ章 - 2 参照）は，H-Ⅱ型と同様の実生を作ることがわかっている（岡本 1980）．

北米産のコナラ属でも，アカナラ節とプロトバラヌス節では，発芽前に初期葉の原基は全く形成されていないのに対し，シロナラ節の種は発芽前に1〜数枚の原基が分化していることが報告されている（Sutton and Mogensen 1970）．岡本（1976）は，日本産の種と比較し，北米産のアカナラ節の実生の形態はクヌギやアベマキに酷似し，H-Ⅱ型に含まれるとしている．

熱帯産のブナ科の実生についての形態学的記載は少ないが，Burger（1972）や Ng（1991）の報告を見る限り，シイ属，マテバシイ属についての岡本（1976, 1980）の整理結果が，そのまま当てはまるように思われる．コナラ属アカガシ亜属については，初期葉が鱗片葉のタイプと，普通葉のタイプの両者が混在しているようだ．

熱帯産のブナ科の実生で，別の観点から興味深いのは，根が紡錘形状に太く膨れる種が見られることである（カスタノプシス・アルゲンテア *Castanopsis argentea*，カスタノプシス・メガカルパ *C. megacarpa*，カスタノプシス・トゥングルト *C. tungurt* など）．同様の根はヒマラヤ産のコナラ属の1種（クエルクス・セメカルピフォリア *Quercus semecarpifolia*）でも観察されている（図4-3）．また，徳永桂子（私信）によれば，タイ北部産のクエルクス・ケリイ *Quercus kerii* の実生や，北中米産のクエルクス・フシフォルミス *Q. fusiformis* の実生も，根が途中で太く膨れることが観察されている（図4-4）．クエルクス・ケリイの実生は，上胚軸上に多数の鱗片葉を着けることでも特異である．日本産の種ではシリブカガシの稚樹が同様の膨

第Ⅳ章　ブナ科植物の芽生え

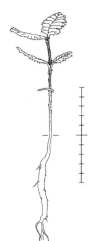

図4-3●クエルクス・セメカルピフォリア *Quercus semecarpifolia* の実生．Hara（1991）による．スケールの目盛は1 cm．

図4-4●クエルクス・ケリイ *Quercus kerii* の実生．写真：徳永桂子．

れた根を持つ．

　太く膨れる根の生態学的機能は明らかでないが，シリブカガシでは，この根が水分と養分の保持に貢献し，撹乱頻度が高い明るく乾燥した条件下での生存力を高めると推定されている（米田ほか 2009）．上記のクエルクス・セメカルピフォリアやクエルクス・ケリイは乾期の明瞭なモンスーン気候下に生育しており，クエルクス・フシフォルミスも乾燥地に生育している．したがって，シリブカガシ同様，膨れた根が乾期における水分と養分の保持に役立っている可能性が，ひとつの仮説として考えられる．

　さらに，太く膨れる根の生態学的機能としては，別の可能性も考えられる．すなわち，昆虫などによる散布後被食を回避するため進化したのではないかという仮説である．この点については，後述する．

4 ｜ 発芽

　ブナ科の実生の発生は，発芽（発根）と上胚軸（地上茎）の成長という2つの過程にわけて考えることが出来る．2つの過程は時間的に大きくずれて進む場合がある．例えば，コナラでは，秋に地上に落下した堅果は，じきに発芽し根を地中に伸ばすが，2枚の地下子葉の間にある上胚軸が伸びて，地上茎が立ち上がるのは翌春になってからである．

　ブナ科の種子の発芽については，日本や欧米産の種については多くの研究があり，基本的なことは解明されている．以下に，休

眠性の有無や温度その他の発芽に必要な条件について，属ごとに整理しよう．

温帯性の落葉樹であるブナ属やクリ属では，種子に休眠性（幼根休眠）があり，発芽には，吸水した状態で一定の低温にさらされることが必要であることがわかっている（Baskin and Baskin 1998；勝田 1998；横山 1998）．さらに，日本産のブナでは，低温を経過したのち発芽の適温が 0 ～ 10℃と非常に低い範囲にあることが知られている（広木・松原 1982）．このため，ブナの実生は，春先，融雪とほぼ同時に発芽を始め，すぐに子葉を地上部に展開して，他の種に先駆けて春先の明るい光環境を利用して成長することが可能となっている．雪の下で発芽することもある．クリでは，秋に落下した堅果は，定着に適した湿潤な場所であれば発芽して 1 ～ 2 cm の幼根を伸ばし，翌年，春になってから地上部を展開する（谷口 2009）．

コナラ属でも，発芽には低温による種子の休眠解除が必要とされているが，休眠の強さは種により大きく異なる．落葉性のコナラ亜属（常緑性のウバメガシを含む）では，種子の休眠が弱く，野外では，種子は散布直後から冬の間に発芽することが多い．一方，常緑性のアカガシ亜属では，休眠が強く，野外で発芽が見られるのは春以降である．コナラ亜属の種の中でも，種子の休眠性には強弱があり，ミズナラとアベマキが最も弱く，幼根の休眠を完全に解除するのに必要な低温処理の日数は 15 日以内であるのに対し，コナラとカシワでは 30 ～ 45 日，クヌギは 120 日ぐらいの日数が必要であるとされている（橋詰 1980）．また，常温で行われた播種実験（立花 1989）によれば，コナラとミズナラは，発根が

速やかに進み，50日以内で80％以上の発芽率に達したが，アベマキ，クヌギ，ナラガシワ，ウバメガシでは発根は徐々に進行し，80％以上の発芽率に達したのは150日ほどを経過した，翌年の春近くになってからであった．広木・松原 (1982) によれば，休眠性が弱く発芽速度も大きいコナラやミズナラ，アベマキは，発根して冬を越すのに対し，休眠性が強いクヌギなどの種は，春になってから発芽するとしている．北米産のコナラ属でも，シロナラ節（日本のコナラやミズナラもこの節に含まれる）は休眠性が無く，アカナラ節は休眠性を持つことが報告されている (Baskin and Baskin 1998)．

発芽に必要な温度について，立花 (1989) は，コナラ属のミズナラ，コナラ，アベマキ，クヌギ，ウバメガシの6種は低温でも発芽率自体は高いことから低温発芽型に分類している．また，アカガシ亜属の種は変温条件下 (20℃から10℃) で最終発芽率が高いことを見出している．広木・松原 (1982) の播種実験では，発芽の最適温度（発芽速度が最大となる温度）は，コナラが20℃，アベマキが25℃，その他の種は30℃かそれ以上であった．

次にシイ属のコジイとスダジイについて，立花 (1989) は種子に休眠性は無く，高温 (30℃) 発芽型であるとし，低温では発芽率が低く発芽速度も小さいと報告している．他の報告でもスダジイは25℃で発芽率，成長率ともに最も高いことが確認されている（勝田・横山 1998；山下 1998）．マテバシイについては，あまりよく調べられていないが，立花 (1989) はアカガシ亜属と同じ変温型に入れている．

熱帯産のブナ科の発芽については，研究が極めて少なく不明な

点が多い．マレーシア産のブナ科10種（シイ属4種，マテバシイ属5種，コナラ属1種）についての播種実験（Ng 1991）の結果を見ると，シイ属やマテバシイ属では発芽時期のばらつきが大きく，結果的に発芽期間が長期にわたる種が多いのが特徴であるように思われる．特にシイ属ではその傾向が強く，カスタノプシス・イネルミス *Castanopsis inermis* では播種後，53〜860日の長期にわたって発芽が見られている．タイ産のブナ科6種（シイ属4種，マテバシイ属5種，コナラ属1種）の堅果の播種実験（Blakesley et al. 2002）では，マテバシイ属の2種（*Lithocarpus elegans, L. garrettianus*）は発芽が遅くかつ長期（最長143日および219日）に及んだこと，一方，シイ属の2種（*Castanopsis calathiformis, C. tribuloides*）とコナラ属の2種（*Quercus semiserrata, Q. vestita*）は発芽が比較的，早く，発芽期間も短かったことが報告されている．以上のように，堅果によって発芽時期が同調せず，発芽期間が長期にわたる種が多くみられるのは，季節性の不明瞭な熱帯では，季節に適合するように発芽時期の同調性を高めることは必要なく，むしろ発芽に伴う被食等の生態的リスクを時間的に分散することの方が，実生の生存に重要であることを示しているのかもしれない．

5 地上茎の伸長

コナラ属コナラ亜属の種子では，発芽後，上胚軸（地上茎）が伸び始めるまでに時間がかかる場合があり，幼根休眠と区別して上胚軸休眠と呼ばれている．上胚軸休眠の深さは種によって異な

り、日本産の種ではアベマキが最も浅く、次いでナラガシワの順で、コナラ、ミズナラ、カシワ、クヌギが深いとされている（橋詰1980）。すなわち、野外では、アベマキは12月〜翌年1月に、ナラガシワは2月に、その他の種は3月〜4月に休眠が解除される。先に述べたようにコナラ亜属の種子の発芽は秋（散布直後）から春先にかけて始まるので、上胚軸休眠が解除されて地上茎が伸び始めるまでの間、種子は根だけを伸ばした状態で林床に存在している。地上茎を伸ばさない事は、冬季の寒さや乾燥から茎や葉を守る効果があろう。

コナラ属でも常緑性のアカガシ亜属では、上胚軸休眠は観察されず、春以降、発芽後まもなく地上茎も伸び始める。日本産のアカガシ亜属の種の中では、イチイガシが特異な地上部伸長過程を示すことが注目される。すなわち、小野・菅沼（1991）は、イチイガシの実生の初期成長をアラカシおよびシラカシと比較し、3種間で地上茎の出現時期に大差は無いが、イチイガシではその後の地上茎の伸長速度がアラカシ、シラカシに比べて小さく、また展葉も非常に遅れることを観察し、これは子葉内の貯蔵養分を地上部よりも地下部に多く配分するためと推測している。

他の属でも、常緑性のツブラジイが同様の上胚軸休眠を示すことが観察されている。すなわち、市野（1991）は、野外でスダジイとコジイの実生の成長過程を比較し、スダジイは5月に発芽し、6月以降、地上茎も伸ばすのに対し、コジイは同時期に発芽するにもかかわらず、秋になっても地上茎を展開しない個体が多く見られたことを報告している。さらに、Tanouchi（1996）は地上茎を展開しなかったコジイの個体も、翌年には地上茎を伸ばし成長

していくことを確認している．

　上胚軸休眠の直接的な原因については不明な点が多いが，コナラ属では，果皮を除去することにより，休眠解除が早まることが知られている（橋詰 1980, Liu et al. 2012）．幼根休眠の解除も同時に早まる．果皮や子葉には発芽阻害物質が含まれることが確認されており（Liu et al. 2012），この化学的作用と，硬い果皮の物理的作用によって休眠が生じると考えられている．

6 実生の初期成長戦略

　樹木，特に落葉広葉樹のシュート（枝と葉）の季節的な成長過程については，多くの研究があり，**一斉開葉型**と**順次開葉型**および中間型（一斉開葉の後に順次開葉する型）に分けられている（菊沢 1986）．一斉開葉型の場合，開芽前にすでに芽の中に葉の原基が形成されており，開芽後，シュートの伸長と共に葉が一斉に開き，シュートの伸長も停止する．順次開葉型の種では，開芽後，長期間，シュートの伸長と並行して葉が順次，形成され開いていく．日本産のブナ科植物では，クリは中間型だが（菊沢 1986），他の種は一斉開葉型である．また，一斉開葉型の種でも，一度，伸長を停止した後，断続的に2度，3度とシュートを伸ばし，葉を展開することがある．このようなシュートは**ラマスシュート**（lammas shoot）と呼ばれ，ブナ科では普通に見られる．

　しかし，実生の場合，個体を取りまく光その他の環境要因が成木とは異なっており，成長戦略も異なることが多い（清和 1994）．

以下に，日本産のブナ科植物の実生の初期成長について知られていることを整理してみよう．まず，地上子葉性のブナでは春に子葉を展開したのち，ほとんど時間を置かず上胚軸を伸ばして本葉を開く．最初の本葉は対生して細長く，普通の葉とは明瞭に異なっている（図 4-1 上）．暗い林の下では，それ以上，成長しないが，ギャップや林縁など明るい条件下では，断続的に 2 度伸び，3 度伸びを示すことがある（橋詰 1982）．クリでは，発芽後に上胚軸を伸ばして一斉開葉し，その後，短期間であるが順次開葉する（清和 1994）．コナラやミズナラなどコナラ亜属の落葉樹は，発芽後，一斉開葉し，その後，明るい場所では，ラマスシュートを出して，断続的に伸びる（清和 1994；阿部ほか 1997）．アカガシ亜属の常緑樹も発芽後，急速に上胚軸を伸ばして一斉開葉する．イチイガシだけは例外で，ゆっくり成長して長期間，開葉を続け，また 1 年目は上胚軸を伸ばさない個体も見られる（小野・菅沼 1991）．イチイガシと同様，ツブラジイでも，1 年目は上胚軸を伸ばさない個体が高率で見られる（市野 1991；Tanouchi 1996）．一方，スダジイは上胚軸を伸ばして葉を開くが，最初に開く普通葉は 2 枚のみである（浅野 1995；大野啓一氏私信）．また，マテバシイも上胚軸を伸ばして葉を開くが，最初に開く普通葉は 1 枚のみである（浅野 1995；大野啓一私信）．

以上のような実生の初期成長パターンは，先に述べた岡本（1976）によるブナ科実生の形態学的分類とどのような対応関係にあるだろうか．岡本（1976）の分類では，成熟堅果における幼芽の**茎頂**の形態と葉原基の形成の有無が，分類基準のひとつになっている．幼芽と，シュートの冬芽内の茎頂は，どちらもシュー

ト成長の基点となるという意味で共通している．もし，幼芽内の茎頂の形態が上胚軸の成長パターンを決めているとするならば，両者には対応があることが予想される．実生が一斉開葉とラマスシュートの組み合わせによって成長するコナラ亜属の落葉樹は，岡本（1976）では H-III 型に分類されている．この型では，成熟堅果の幼芽内に鱗片葉の原基がすでに用意されており，上胚軸の急速な成長が可能となっているように思われる．一方，アカガシ亜属の実生も一斉開葉を示すが，こちらは H-II 型に分類されている．H-I 型とは，上胚軸上に鱗片葉が無い点と，幼芽内の茎頂に葉原基が形成されていない点で異なっている．しかし，この型に属するアベマキでは秋に葉原基の形成が始まっていることが報告されている（岡本 1976）．冬の間に幼芽がどのように成長しているかは調べられていないので，上胚軸が伸長を始める時点で，H-II 型と H-III 型の茎頂にどのような形態的な違いがあるかわからない．さらに，H-I 型に分類されているクリ属，シイ属，マテバシイ属およびイチイガシの実生は初期から順次的な開葉をしてゆっくりと成長する傾向にあるといえよう．ただし，順次的な開葉をする種は，林冠ギャップなど光条件の良い場所では，長期間，伸びて大きな伸長成長を示す種でもある（Seiwa et al. 2002；Takyu 1998）．

以上のように，実生の初期成長パターンと岡本（1976）による形態的分類とは，ある程度の対応が認められるが一致しない点もある．一致しない原因のひとつは，岡本（1976）の幼芽の形態についての記載は，秋に堅果が成熟した時点のものであり，上胚軸が伸長を始める直前の時点の茎頂の形態ではないことがあろう．

さらに，実生の初期成長パターンには，茎頂の形態や初期発生過程のように，系統をより強く反映した要因だけでなく，以下のような生態的な要因も大きく影響するためであろう．

もともと，ブナ科の植物で，地上子葉性から地下子葉性が進化した（Oh and Manos 2008）のは，子葉が光合成を行う能力を失ったとしても，**葉食性昆虫**などによる食害から子葉を守ることのほうが重要であったためではないだろうか．例えば，地上部に子葉を展開するブナでは，展開した子葉が鱗翅目の幼虫やナメクジにより食べられてしまっているのをよく見かける．ブナは，ミズナラなどと異なり，子葉に被食防御物質であるタンニンを含まないため被食されやすく，当年性実生の死亡率が高い．

しかし，ブナ科の子葉は貯蔵養分に富むので，落ち葉の下に隠したとしても絶えず昆虫などの動物による被食によって失われてしまう脅威にさらされている．これを避けるには，コナラ属のようにタンニンなどの被食防御物質を蓄積する方法もあるが，何よりも，なるべく早く子葉から植物体本体に物質を移してしまうことが有効であろう．その場合，子葉内の貯蔵養分を地上部(葉と茎)と地下部（根）にどのように配分すれば有利かという点が重要となる．この点に関して，落葉樹林と常緑樹林とでは，生態学的状況が全く異なるように思われる．

落葉樹林では光環境の季節変化が大きく，上層木の開葉後，林床は急速に暗くなってしまう．実生にとっては，春先の明るい光条件を利用して光合成を行うことが有利であり，そのためには，子葉の貯蔵養分を利用してなるべく早期に地上部を発達させるほうが生存上，有利と考えられる．子葉中の貯蔵養分が植物本体に

どのように移動するかの研究は少ないが，落葉樹であるコナラとミズナラでは，本葉の展開が終了した時点で，子葉に貯えられていた貯蔵養分の 90％が消費されたと推定されている（阿部ほか 1997）．一方，この時点においても明るい場所の実生ほど個体重の大きな傾向があり，これは本葉が展開する期間中（10 日間ほど）の光合成量の違いによると推定されている．これに対し，常緑樹であるシラカシでは，本葉が完全に展開する発芽後 30 日までの期間が，実生が主に子葉養分に依存している期間とされるが，この時点では，光環境の差は実生の個体重に影響していなかった（岡野 1993）．

一方，常緑樹林では，林床の光環境に発芽前後で大きな変化は無いと予想され，光環境の変化に対する適応は重要性が低く，他の要因の相対的重要性が高いだろうと推定される．ツブラジイやイチイガシの実生で，地上部の発達を抑制し，地下部への配分を高めるのは，乾燥や照度不足に耐えて生存する上で有効と考えられている（小野・菅沼 1991；市野 1991；西山 1994；Tanouchi 1996；Hiroki and Ichino 1998）．

さらに，常緑樹林では落葉樹林と比べ，散布前被食よりも散布後被食の影響が大きいとされている（第 5 章参照）．また，常緑性の種では発芽までの休眠期間が長い種が多い．これらのことは，常緑樹林では，落葉樹林と比べて，散布後被食の回避が堅果や実生の生存にとって重要であることを示唆する．発芽後，地上部を伸ばさないツブラジイやイチイガシの成長戦略は，乾燥や照度不足による成長への悪影響を回避するということだけでなく，散布後被食の影響を少なくする上からも有利であると考えられる．熱

帯産のブナ科植物の実生で，紡錘形の貯蔵根状の根が比較的よく観察されるのも，同様のためかもしれない．常緑樹林では，光環境の季節変化がほとんど無いので，被食回避のため，子葉の貯蔵養分を，まず根に移すという戦略が進化しやすいのではないだろうか？

コラム❸ へそから根を出すどんぐり
column

　通常，どんぐりの根は，その先端付近（頂部）から出てくる．しかし，中にはへそのあたりから根を出す変わり者もいる．メキシコに分布するクエルクス・インシグニス *Q. insignis* もそのひとつである．この種は，やや平たい，コナラ属としては最大のどんぐりを着けるが（口絵8），その根は，何と，へそやその周辺から出てくる（図1）．普通と真逆である．なぜ，このようなところから根を出すのだろうか？どんぐりを割ってみると理由が解る．どんぐりの中にある2枚の子葉の形と大きさが極端に異なるのである．これを異形子葉という（第Ⅲ章参照）．2枚の子葉の間にある幼根も，中心からひどくずれて，へその近くに横向きに着いている．このため，根がへその近くから出てくるのである．異形子葉を持つコナラ属の種は，クエルクス・インシグニスを含め，中米に10種ある（Muller 1942）．その中のクエルクス・コルガータ *Q. corrugata* では，根は，どんぐりの頂部付近，側面，へそ近くなど様々な場所から出るという（徳永桂子私信）．

　アジアにもへそから根を出すどんぐりがある．中国南西部〜東南アジア大陸部に分布するクエルクス・ケリイ *Q. kerii* とその近縁種である（Deng et al. 2013）．この仲間も平たいどんぐりを着ける．クエルクス・インシグニスとは子葉の様子がまた異なり，2枚の子葉が合わさって膨れたハート形になり，幼根がやはりへその近くに位置している．このため，へそから根を出すのである．日本産の種では，イチイガシが異形子葉を持ち，どんぐりの側面から根を出す場合のあることが報告されている（岡本 1979）．イチイガシでは，全てのどんぐりが異形子葉を持つわけではなく，そのようなどんぐりが混じるのである．ヨーロッパでも，キプロスに自生するクエル

図1 ●発芽したクエルクス・インシグニス *Q. insignis* の堅果．写真：ロデリック・キャメロン Roderick Cameron．

クス・アルニフォリア *Q. alnifolia* やギリシャ・トルコに自生するクエルクス・アウケリ *Q. aucheri* が，へその近くから根を出すことが知られている．

　頂部以外の場所から根を出すどんぐりが見られるのは，以上にようにコナラ属のみで，他の属では知られていない．これは，コナラ属特有の胚発生の仕方が関係していると考えられる（第III章参照）．つまり，コナラ属ではブナ科の他の属と異なり，胚珠の着いている胎座の中軸が伸びないまま，胚珠だけが向きを変えずに果実の成長

に合わせて成長する．そのためには，珠柄や種皮は左右非対称に，やや不自然な成長をするすることが必要である．このため成長がずれて，幼根の位置がどんぐりの頂部からずれやすいのではないかと考えられる．特に，極端に平たい，あるいは細長いどんぐりでは，強く非対称な成長をしないとならないので，ずれが生じやすいと考えられる．コナラ属以外の属では，まず胎座の中軸が伸びて胚珠は果実の頂部付近に移動し，そこから下向き（へその方向）に成長するので，異形子葉になることは無く，幼根もへそ付近に位置することは無い．

　ところで，へそから根を出すことに適応的な意味はあるのだろうか？平たいどんぐりは，地表面に落下した場合，通常の細長いどんぐりのように横向きにはなりにくく，上向き（頂部が上）か下向き（へそが上）になりやすい．上向きの場合，頂部から発芽すると，根を屈曲させて地下に根を下ろすまでに，より長く伸びないとならないが，へその周辺部分から根を出せば，地表面が近いので根を下ろしやすく，そのため，このような性質が固定しやすいのかもしれない．

第 V 章 | *Chapter V*

どんぐりと昆虫

　拾ったまま，紙箱に入れておいたどんぐりから，何匹ものウジ虫が這い出してきているのを見て驚いた覚えのある人は多いのではなかろうか．どんぐりは，種子としては大型で，炭水化物や脂質など栄養分にも富んでいるので，昆虫にも大人気なのである．拾ったどんぐりから這い出してくるウジ虫は主にゾウムシの幼虫であるが，どんぐりを利用している昆虫は他にもいろいろいる．クヌギのどんぐりだけでも，ゾウムシ2種，ガ5種，タマバチ1種，キクイムシ1種，寄生バチ3種（どんぐりの中のガの幼虫に寄生する），未同定の4種，計16種もの昆虫がどんぐりを利用していることが調べられている（高柳 2006）．また，化石の研究から，このような，どんぐりと昆虫との関係は，現在のブナ科の植物が地球上に現れた頃には，すでに見られたことがわかっている．植物にとっては，せっかく作りかけた種子を食べられてしまうのは大打撃なので，なんとか昆虫の攻撃を防ぐための性質を進化させてきたと考えられる．本章では，このようなどんぐりと昆虫との複雑な関係を，ブナ科植物の多様性と関連させながら整理してみよう．

1 どんぐりと昆虫の密接な関係

 ブナ科の植物はすでに述べたように,開花・受粉から受精までに長期間を要し,さらに未熟な果実が成長して成熟,散布されるまで,長期間,成長途中の果実が枝先に着いているのが特徴である.クヌギのように,開花の翌年に成熟する種では,1年半ほどの間,枝先に成長途中の果実が着いていることになる.この間,様々な昆虫が果実を食べ,果実の生産に大きな影響を与える.

 また,ブナ科の植物は果実の豊作年と凶作年がはっきりしていることが多い.すなわち,マスティングと呼ばれる結実習性を示す種が多いが,このことにも昆虫による被食が大きく影響している.哺乳類が主に成熟した果実を食べ,種子の散布や生存に大きな影響を及ぼすのに対し,昆虫の多くは散布前の未熟な果実を食べ,成熟果実の生産数に直接,影響を与える.ただし,散布後のどんぐり(発芽した実生も含む)に侵入して子葉を食べ,その生存に影響するキクイムシのような昆虫もいる.ブナ科の植物の花や果実を食べる昆虫についての研究は,ブナ属や落葉性のコナラ属など温帯性の落葉樹について行われたものが大半で,シイ属やマテバシイ属など亜熱帯,熱帯性の常緑樹についての研究は少なく,まだ不明な点が多い.

 このような,どんぐりと昆虫の密接な関係は,長い時間をかけて進化し,形成されてきたものである.それを示す化石が,北米西部の中期中新世(約1500万年前)の地層から発見されている(図5-1).発見されたコナラ属のどんぐりの化石の内部には,虫に食

第Ⅴ章　どんぐりと昆虫　143

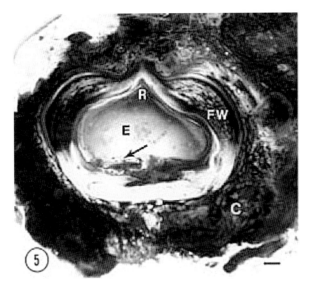

図5-1 ●コナラ属の化石種（*Quercus hiholensis*）の幼果の化石内部に見られる虫の幼虫と食痕（矢印）．中新世中期の地層から発見された．C，殻斗；E，胚；FW，果皮；R，幼根．Borgardt and Pigg (1999) による．

われたと推定される痕が残されていた（Borgardt and Pigg 1999）．ブナ科の現生属が進化した頃には，どんぐりと昆虫との密接な関係が，すでに出来上がっていたと推定される．また，現生種の中では最も祖先的な性質を持つとされるカクミガシ *Trigonobalanus verticillata* においても，果実の内部には，昆虫に食べられた跡が残されていたことが報告されている（Forman 1964）．

　どんぐりを食べる昆虫は様々なものがいる．主なものとしては，（1）タマバチ，タマバエなど**虫えい**（ゴール）いわゆる虫こぶを形成する昆虫，（2）鱗翅目いわゆる蛾の仲間，（3）鞘翅目いわ

ゆる甲虫のゾウムシやチョッキリ，キクイムシの仲間が知られている．どのような昆虫が，日本産のブナ科の堅果を食害するかについては，上田 (2002, 2009) によってまとめられている．

2 | 虫えい形成昆虫

ブナ科の植物には非常に多くの種類の虫えいが作られる．湯川・桝田 (1996) は日本産の虫えいとして 1422 種類をあげているが，そのうち 278 種類 (19.5%) はブナ科の植物に形成されるもので，これは科としては最多である (2位はキク科の 134 種)．日本産のブナ科の植物がわずか 22 種に限られることを考慮すると，非常に大きな数字と言える．また，ブナ科の中で落葉樹と常緑樹を比べると，落葉樹で特に多くの虫えいが作られる (表 5-1)．

ブナ科植物の虫えいを形成者の分類群別に整理すると，第一位がタマバチ科で 168 種類，第 2 位がタマバエ科で 50 種類となっている (湯川・桝田 1996)．興味深いのは，ブナ属ではタマバエのみで，タマバチが形成する虫えいは知られていないことである．ブナ属はブナ科の中では，他の属と系統的に最も隔たった位置にある (第 II 章参照)．また，コナラ属では，多くのタマバチが虫えいを形成するが，属内を (1) クヌギ・アベマキ，(2) コナラ・ミズナラ・カシワ，(3) カシ類 (アカガシ亜属) の 3 群に分けると，各群内で共通して出現する種はあるが，別群の間には共通種は見られない (桝田 1996)．上記の 3 群の植物は，コナラ属の中で，それぞれ別の節や亜属に含まれる (第 II 章参照)．このように，ブ

表5-1 ●日本産ブナ科植物の虫えいとその形成部位．湯川・桝田（1996）Ⅶ-1の「寄種植物別虫えいおよび虫えい形成者リスト」から整理．＊，クヌギワカミフクレフシ，開花年の幼果．＊＊，クヌギミウチガワツブフシ，成熟果実の果皮の内側．薄葉（2003）による．

植物	生活型	虫えい種類数	葉	新梢・枝・幹等	芽	雄花・雄花序	雌花・雌花序	殻斗・殻斗柄	果実
ブナ	落葉	28	28						
イヌブナ	落葉	9	9						
クリ	落葉	6	2	2	1	1			
アベマキ	落葉	25	14	2	2	6		1	
クヌギ	落葉	42	19	12	1	8	1*	1	1**
カシワ	落葉	25	13	5	6	1			
コナラ	落葉	55	21	13	13	5		3	
ナラガシワ	落葉	1						1	
ミズナラ	落葉	34	13	5	9	1		5	1
モンゴリナラ	落葉	3	3						
アカガシ	常緑	5	3	1	1				
アラカシ	常緑	19	9	7	3				
イチイガシ	常緑	1	1						
ウバメガシ	常緑	3	1	2					
ウラジロガシ	常緑	4	4						
シラカシ	常緑	6	6						
スダジイ	常緑	7	6	1					
コジイ	常緑	2	1	1					
シイ類	常緑	1		1					
マテバシイ	常緑	2	1	1					
計		278	154	53	36	22	0	11	1

ナ科内の分類群と，虫えいを作る昆虫の分類群との間には，明瞭な対応が見られる．虫えい昆虫とブナ科植物の関係は，現生のブナ科の属や節が分化した古い時代に形成され，長い時間をかけて進化してきたと考えられる．

虫えいを作る昆虫は，いずれもごく小型の種類が多いので，柔らかい新葉や新枝，若い芽などにしか，産卵あるいは侵入できないことが多い．虫えいが植物体のどこに形成されるかを見ると，葉に作られるものが最も多く，次が新梢や枝，幹等に作られるもので，繁殖器官に作られるものは少ない．繁殖器官の中では，雄

花・雄花序に形成される場合が多く,雌花・雌花序や果実に作られるものはごく少ない(表 5-1).ただしブナ科の植物では,芽の中に雌花の原基も含まれているので,芽に虫えいが形成されると花が正常に発達せず,果実も実らず,果実生産数に大きな影響を与える.クリの害虫として知られるクリタマバチがその代表例で,クリの芽に虫えいを形成するため,果実が正常に実らなくなるものである(湯川・桝田 1996).

　一方,雌花や果実に直接,作られる虫えいも,少数ながら報告されている.クヌギでは,散布された成熟果の種皮の内側に,クヌギミウチガワツブタマバチの幼虫によりクヌギミウチガワツブフシが形成される(図 5-2).クヌギは開花から果実の成熟までに1年半を要するが,このタマバチは開花翌年の発達途中の幼果に産卵する(薄葉 2003).この虫えいが形成されたどんぐりは,子葉の表面が小さく窪むが,影響は局所的なので発芽には問題なさそうである.また,クヌギでは,開花年の幼果にクヌギワカミフクレフシという虫えいが形成されることも報告されている(湯川・桝田 1996).形成者はわかっていないが,クロボシキバガによる可能性が考えられている.表 5-1 には記載されていないが,このほかアラカシやマテバシイでも,タマバチによる虫えいが堅果内に形成されることが報告されている(上田ほか 1992;上田 2000).アラカシの虫えいの形態は,クヌギミウチガワツブフシに類似しているようである.さらにコナラでは,雌花に虫えいを作るタマバチ(種不明)が知られ,果実の生産量に大きく影響することが報告されている(Fukumoto and Kajimura 2001).このほか,殻斗や幼果と殻斗の境界に形成される虫えいが少数,知られている(湯

図5-2 ●クヌギの果実に形成されたクヌギミウチガワツブフシ．虫えいは，果皮と種皮の境界部に形成されているように見える．子葉の表面は，虫えいに接していた右側の部分が凹んでいる．

川・桝田 1996).

 ただし，ブナ科では，花と幼果の境界をどこに置くかは不明瞭な点に注意が必要である．すなわち，受粉時の雌花は小型で未発達な状態にあり，その後，1か月前後をかけて子房が徐々に発達していき，ようやく受精に至る（第Ⅲ章参照）．殻斗は受粉時には，ごく小さく幼若であるが，受精に至る頃にはある程度，発達して子房を包んでいる．特にコナラ属やシイ属，マテバシイ属では雌花は極めて小型なため，花を食べるといっても，正確には花自体の組織ではなく，受精後の発達初期の幼果内部の組織を食べてい

ることが多いのだろう．

3 どんぐりを食べる鱗翅目昆虫——蛾の仲間

　鱗翅目では，ハマキガ科，キバガ科，ネマルハキバガ科，メムシガ科，コブガ科など様々な分類群の蛾がブナ科の果実を食べることが知られている．落葉樹と常緑樹で比べると，落葉樹の果実を食べる昆虫の方が，種の多様性が高そうである．もっとも堅果の食害昆虫に関する研究はブナやコナラなど落葉樹で先行し，常緑樹についての研究が少ない影響もあるだろう．

　日本産の種のうち，ブナでは最も研究が進んでおり，これまでに 32 種もの蛾類が堅果を食害することが知られている（鎌田 2008）．ただし，このうち，堅果のみを食べるスペシャリストは 7 種のみで，他は葉なども食べるジェネラリストであるとされている．スペシャリストは，幼虫が堅果に穴を開けて侵入し，堅果の内部を食べることから堅果食性 (borer) と呼ばれる．一方，ジェネラリストの種は，春先の早いうちに，葉のほか雌花や幼若な果実を外側から食べる種で葉食性 (foliage feeder) と呼ばれている (Ueda 2000a；山路ほか 2014)．スペシャリストとしてあげられているのはハマキガ科のブナヒメシンクイ *Pseudopammene fagivora*，クロモンミズアオヒメハマキ *Zeiraphera caeruleumana*，未同定の 2 種，メムシガ科のブナメムシガ（仮称）*Argyresthia* sp.，キバガ科のミツコブキバガ *Psoricoptera gibbosella*，ブナキバガ（仮称）である．

　ハマキガ科のブナヒメシンクイは，ブナの堅果の生産量変動に，

特に大きな影響を与えることが知られている（鎌田 2008）．この種は，6月中旬頃から，まだ若い殻斗と堅果に穴を開けて侵入し，内部を食べる．この時期，堅果内では子葉はまだ発達しておらず，果実内の大部分は果肉が占めているので，主にこれを食べていると考えられる．また，Ueda（2000a）は同所的に生育するブナとイヌブナの堅果の食害昆虫について調べ，イヌブナでは堅果食性昆虫による食害がブナほど高率にならず，むしろ葉食性昆虫による食害が多いことを見出し，これは堅果の発達がブナよりもゆっくりと進行し堅果の発達が遅れるため，堅果食性昆虫が食害しにくいためと考えている．

イヌブナの食害昆虫に関する研究は少なかったが，最近，山路ほか（2014）は太平洋型気候下のイヌブナ・ブナ混交林において，DNAバーコーディングも用いて，ブナおよびイヌブナの堅果食性小蛾類について調査し，日本海型のブナ林と比較した．その結果，太平洋型気候下では日本海型気候下より多く，計9種の蛾が確認された（本研究の日本海側の調査地では2種）．分類学的には，ハマキガ科がブナヒメシンクイ，キディア属 $Cydia$ 2種，パンメネ属 $Pammene$ 1種，パンデミス属 $Pandemis$ 1種，キバガ科がブナキバガ1種，シンクイガ科がメリダルキス属 $Meridarchis$ 1種，メスコバネキバガ科がダシストマ属 $Dasystoma$ 1種，所属科不明の1種であった．9種のうち7種は，ブナとイヌブナの両種を食害しており，蛾類相としては共通性が高い．ただし，食害昆虫の密度は，ブナのほうがイヌブナの4倍以上高かった．また，それまでブナヒメシンクイによるとされてきた食痕の中には，別の種による食痕も混同されている可能性が高いことを示し，ブナヒメシンクイ

以外の蛾が果実の生産量に与える影響も大きいとした．食痕は区別できなくとも，各種は幼虫の出現時期が異なることから，ある程度，食害種を推定するこが可能であるとしている．

コナラ属ではブナほど研究が進んでいないが，これまでに，落葉性のクヌギ，アベマキ，コナラ，ミズナラ，常緑性のアラカシ，シラカシ，オキナワウラジロガシについて堅果の食害昆虫が調べられている．これらのうち，落葉樹から報告されている蛾は，コブガ科のネスジキノカワガ *Garella ruficirra*（図5-3d），ハマキガ科のネモロウサヒメハマキ *Pammene nemorosa*，ヨツメヒメハマキ *Cydia danilevskyi*，シロツメモンヒメハマキ *Cydia amurensis*，サンカクモンヒメハマキ *Cydia glandicolana*，クロサンカクモンヒメハマキ *Cryptaspasma trigonana*（図5-3a），ヘリオビヒメハマキ *Cryptaspasma marginifasciata*（図5-3b），ヒロズコガ科のクロエリメンコガ *Opogona nipponica*，ネマルハキバガ科のオオネマルハキバガ *Neoblastobasis biceratala*，キバガ科の1種の計8種である（Matsuda 1982，前藤 1993a, b；五十嵐 1996, Fukumoto and Kajimura 1999, Ueda 2000b）．一方，常緑樹から報告されているのは，ハマキガ科のヨツメヒメハマキ，シロツメモンヒメハマキ，クロサンカクモンハマキ，ネマルハキバガ科オオネマルハキバガ，ウスイロネマルハキバガ *Neoblastobasis spiniharpella*（図5-3c）の5種である（上田ほか 1992, 1993；照屋 2015）．これらのうち，コブガ科のネスジキノカワガとハマキガ科のネモロウサヒメハマキは散布前（8月以前）の未熟な堅果を，クロサンカクモンヒメハマキとヘリオビヒメハマキ，オオネマルハキバガは散布後の成熟した堅果を，残りの種は散布前（9月以降）の成熟した堅果を食べる（上田ほか 1993；前藤ほか 1993a, b；

第V章 どんぐりと昆虫　151

図5-3●幼虫がどんぐりを食害する蛾．a，クロサンカクモンヒメハマキ．散布後の堅果（ブナ属以外）を食害する．b，ヘリオビヒメハマキ．散布後の堅果（ブナ属以外）を食害する．c，ウスイロネマルハキバガ．散布前のコナラ属（コナラ，アラカシ，シラカシ）の堅果を食害する．d，ネスジキノカワガ．散布前のコナラ属コナラ亜属（コナラ，クヌギ，アベマキ）やクリ属の堅果を食害する．e，モモノゴマダラメイガ．広食性でクリのほかモモ，リンゴ，ナシ，ミカンなど各種の果実を食害する．写真：斉藤明子

Ueda 2000b；Fukumoto and Kajimura 1999, 2001；鎌田 2005)

次にクリ属では，ハマキガ科のクリミガ *Cydia kurokoi*，クリミドリシンクイガ *Fibuloides aestuosa*，ツトガ科のモモノゴマダラメイ

ガ *Conogethes punctiferalis*（図 5-3e），コブガ科のネスジキノキワガ *Garella ruficirra* が殻斗・堅果を食害することが知られている（高村 1970；井上 1994）．このうち，クリミガは堅果食性であるが，他の種は葉食性で，殻斗と果実を外部から食べる．さらに，コシノコブガが雄花序を食害し，時に雌花序も食べる（井上 1994）．ただし，以上は全て植栽された果樹についての報告である．天然林内に生育するクリについては，上田（1996）による研究があるだけである．散布前の堅果についてはネマルキバガ科の 1 種，散布後の堅果についてはクロサンカクモンヒメハマキによる食害が確認されている．

シイ属やマテバシイ属のどんぐりを食害する鱗翅目昆虫に関する研究は極めて少ない．シイ属について，オキナワジイの堅果の食害昆虫として鱗翅目はオオネマルハキバガ，ハダカノメイガ近縁種，ハマキガヒメハマキガ亜科の 1 種が，照屋（2015）により報告されているのみである．マテバシイについては，クロサンカクモンヒメハマキ（上田ほか 1993），科属不明の 1 種（上田 2000）が報告されているのみである．

4 どんぐりを食べる鞘翅目昆虫──ゾウムシとキクイムシ

どんぐりを食害する鞘翅目の昆虫，いわゆる甲虫としては，シギゾウムシの仲間やハイイロチョッキリ（図 5-4）が良く知られている．これらの昆虫と同じくゾウムシ上科に属するキクイムシの仲間もどんぐりを食害する（図 5-5）．

第Ⅴ章 どんぐりと昆虫

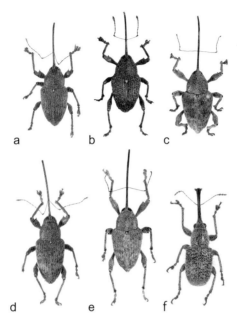

図5-4 ●どんぐりを食害するゾウムシ類．a．シイシギゾウムシ．b．クロシギゾウムシ．c．コナラシギゾウムシ．d．クリシギゾウムシ．e．クヌギシギゾウムシ．f．ハイイロチョッキリ．写真：斉藤明子

　シギゾウムシは，ゾウムシ科ゾウムシ亜科シギゾウムシ族に属する昆虫の総称で，我が国からは5属57種が知られている（森本 2011）．長く伸びた口吻が特徴で，これを用いて植物の果実や虫こぶに穴を開けて産卵する．種によって利用する植物は様々で，利用する植物がまだ不明な種も多いが，これまでに5種のシギゾウムシ類，アカコブゾウムシ，ハイイロチョッキリが，どんぐりに産卵し，幼虫がどんぐりを食べて育つことが知られている（表

図5-5 ●クリノミキクイムシ．体長3mmほどの小さな甲虫．写真：斉藤明子

5-2)．クリシギゾウムシやコナラシギゾウムシ，ハイイロチョッキリ，アカコブゾウムシは落葉性，常緑性両方の種を食害するが，クヌギシギゾウムシ，クロシギゾウムシは落葉性の種のみを，シイシギゾウムシは常緑性の種のみを食害するようである．

シギゾウムシの幼虫が食べるのは，堅果内の子葉なので，堅果の成長がかなり進み子葉が大きく成長した段階で，殻斗や果皮に口吻で穴を開けた後，産卵管を差し込んで子葉に直接，産卵する．ただし，高柳（2006）の観察によれば，殻斗内に産卵し，孵化した幼虫が自ら果皮を食い破って子葉内に侵入する場合もあるようだ．幼虫は子葉を食べて育ち，どんぐりが地上に散布された後，外へ出て地中に潜りサナギとなる．ハイイロチョッキリは産卵後，果実の着いた枝を枝葉ごと口吻で切り落とす．利用する植物はコナラ属のものが多いが，クリやシイ，マテバシイの堅果を食害する種もある．一方，ブナ属を食害する種が見られないことは特徴

表 5-2 ● どんぐりを食害する甲虫類．上田（2009）に基づく

	昆虫	加害する植物
1	アカコブゾウムシ	コナラ，ミズナラ，アラカシ，シラカシ
2	クヌギシギゾウムシ	クヌギ，アベマキ
3	クリシギゾウムシ	クリほか開花年に結果する樹種
4	クロシギゾウムシ	コナラ，ミズナラ，カシワ
5	コナラシギゾウムシ	コナラ，ミズナラ，カシワ，ナラガシワ，アラカシ
6	シイシギゾウムシ	スダジイ，ツブラジイ，マテバシイ
7	ハイイロチョッキリ	クリ以外の暖帯林の全樹種
8	クリノミキクイムシ	暖帯林の全樹種
9	ドングリキクイムシ	暖帯林の全樹種
10	ヒマアカキクイムシ	暖帯林の全樹種（南九州以南）
11	コッコトリペス属の1種 (*Coccotrypes variabilis*)	暖帯林の全樹種（奄美以南）
12	マルキマダラケシキスイ	アラカシ，シラカシ，マテバシイ
13	アカマルマダラケシキスイ	アラカシ，シラカシ

的なことである．

　種によって食害する植物種が限られるひとつの原因として，シギゾウムシ類の生活史，特に産卵時期と，どんぐりの季節的な成長過程（子葉の発達過程）との同調性が想定されている．上田ほか（1992）は京都市でコナラ，アラカシ，シラカシ，マテバシイの食害昆虫を調べ，1）アカコブゾウムシとハイイロチョッキリによる被害果の落下は，主に9月に生じ，シギゾウムシ類（主にクリシギゾウムシ）による被害果の落下よりも時期的に1カ月以上早いこと，2）同じ昆虫による被害果であっても，どんぐりの成熟時期の違いに対応して，コナラ，シラカシ，アラカシの順に生じることを報告している．これらは，種によって，産卵や食い入れの適期が果実の特定の成長段階に限られているためと考えられている．また，マテバシイ属やシイ属では，コナラ属と異なり，果実サイズの成長と子葉の成長とは並行しておらず，果実サイズ

の成長が先行し，子葉の成長は最終段階になってから急速に進む（第Ⅲ章参照）．子葉が十分に発達する頃には，すでに果皮や殻斗がかなり成熟して堅くなっており，穴を開けて侵入することが難しいことも食害昆虫が限られる原因と考えられている（上田ほか 1992）．

どんぐりを食害するキクイムシとしては，コッコトリペス属 *Coccotrypes* のクリノミキクイムシ，ドングリキクイムシ，ヒメアカキクイムシ，同属の1種 *C. variabilis* が知られている（表 5-2）．いずれもコナラやアラカシなどのコナラ属のほか，スダジイ（オキナワジイ），マテバシイの堅果も食害する．また，最近，Iku et al.（2018）は，ボルネオ島の熱帯雨林において，樹木の一斉開花・結実時に落下した果実・種子の食害昆虫として，コッコペトリス属の1種 *C. gedeanus* を報告している．この種は，フタバキ科の堅果のほか，ブナ科マテバシイ属の堅果や，ウルシ科，カンラン科の核果など，非常に多くの種子・果実から見出され，優占的な食害昆虫となっていた．

キクイムシがシギゾウムシ類と大きく異なるのは，主に散布後の堅果に成虫が侵入して産卵，ふ化した幼虫が子葉を食害する点である．ただし，クリノミキクイムシでは散布前の成熟堅果に侵入する場合も報告されている（上田ほか 1992, 1993；Fukumoto and Kajimura 1999；照屋 2015）．また，キクイムシでは，侵入した雌親は堅果内に留まり，多数の卵を産んでコロニーを作る点も，シギゾウムシと大きく異なる．ドングリキクイムシでは，最初の雌親はその子が成虫になると堅果を去るが，子世代の多くは留まって産卵し，2世代以上がひとつの堅果内で繰り返されることが報告

郵便はがき

6 0 6 - 8 7 9 0

（受取人）

京都市左京区吉田近衛町69
　　　　　　京都大学吉田南構内

京都大学学術出版会
読者カード係 行

▶ ご購入申込書

書　名	定　価	冊　数
		冊
		冊

1. 下記書店での受け取りを希望する。
　　　　都道　　　　　市区　　店
　　　　府県　　　　　町　　　名

2. 直接裏面住所へ届けて下さい。
　　お支払い方法：郵便振替／代引　　公費書類（　　）通　宛名：

　　送料　| ご注文 本体価格合計額　2500円未満：380円／1万円未満：480円／1万円以上：無料
　　　　　| 代引でお支払いの場合　税込価格合計額　2500円未満：800円／2500円以上：300円

京都大学学術出版会
TEL 075-761-6182　　学内内線2589 / FAX 075-761-6190
URL http://www.kyoto-up.or.jp/　　E-MAIL sales@kyoto-up.or.jp

お手数ですがお買い上げいただいた本のタイトルをお書き下さい。
(書名)

■本書についてのご感想・ご質問、その他ご意見など、ご自由にお書き下さい。

■お名前
（　　歳）

■ご住所
〒
　　　　　　　　　　　　　　　TEL

■ご職業	■ご勤務先・学校名

■所属学会・研究団体

■E-MAIL

● ご購入の動機
　A.店頭で現物をみて　　B.新聞・雑誌広告（雑誌名　　　　　　　　　　）
　C.メルマガ・ML（　　　　　　　　　　　　　　　）
　D.小会図書目録　　　E.小会からの新刊案内（DM）
　F.書評（　　　　　　　　　　　　　　　）
　G.人にすすめられた　　H.テキスト　　I.その他
● 日常的に参考にされている専門書（含 欧文書）の情報媒体は何ですか。

● ご購入書店名
　　　　　都道　　　　　市区　　店
　　　　　府県　　　　　町　　　名

※ ご購読ありがとうございます。このカードは小会の図書およびブックフェア等催事ご案内のお届けのほか、広告・編集上の資料とさせていただきます。お手数ですがご記入の上、切手を貼らずにご投函下さい。
各種案内の受け取りを希望されない方は右に○印をおつけ下さい。　案内不要

されている（上田 2002）．

　その他の鞘翅目の甲虫として，ケシキスイ類のマルキマダラケシキスイとアカマダラケシキスイも落下後の堅果を食害することが報告されている（平山ほか 2014；表 6-2）．また，双翅目ではガガンボ科の 1 種がアラカシ，シラカシ，マテバシイを食害することが知られている（上田ほか 1993）．

5 ブナ科の属ごとに見た堅果食昆虫相の特徴

　以上のような堅果食昆虫相の特徴を，堅果や殻斗の成長様式と関連させながら植物の属ごとに比べてみよう．

　まずブナ属では，鱗翅目の食害昆虫の種類が非常に多様なことが特徴である．これは，葉食性の種の多様性が高く，その一部が時に堅果も食害することが一因である（鎌田 2008）．また堅果内部を食べる堅果食性の昆虫も多く知られ，特にブナヒメシンクイは堅果生産に大きな影響を及ぼす．ただし，食害時期から考えて，堅果内で食べているのは，植物組織としては子葉では無く，果肉であると推定される．また，ブナとイヌブナでは堅果の発達過程が季節的に大きく異なるが，このことと食害昆虫相との関連は，まだ不明な点が多い．

　また，成熟果実内で子葉を食べて育つシギゾウムシ類ほかの甲虫類が報告されていないのも，ブナ属の大きな特徴である．ブナでは子葉が発達する 8 月中旬以降の時期には，殻斗はすでに木化が進んで硬くなっており，新たに外部から侵入，食害することは

難しくなっているのかもしれない.

さらに,散布後堅果を食害する昆虫類が報告されていないこともブナ属の特徴である.ブナの実生は地上子葉性であり,春先,雪融けと共に子葉は地上に展開してしまい,散布後の堅果内で子葉を食べる食性の蛾類やキクイムシ類は,時間的にブナの堅果を利用できないのではないだろうか.

次にコナラ属では,食害昆虫相が多様で,タマバチ科,タマバエ科,鱗翅目,シギゾウムシ類,キクイムシ科など様々な分類群にわたる.花や未熟な殻斗や堅果を食べる昆虫,散布前の成熟堅果を食べる昆虫,散布後の成熟堅果を食べる昆虫というように,堅果の成長過程に対応した昆虫側の食性ギルドが分化している (Fukumoto and Kajimura 2001).この背景として,(1)堅果の成長と堅果内での子葉の成長が並行して進むので,比較的,早い時期から子葉を餌とすることが可能であること,(2)ブナ属などと異なり,堅果は成長の途中で殻斗を抜け出して成長するため,堅果内に産卵しやすいこと,さらに(3)実生は地下子葉性であるため散布後も餌となりうる,といったコナラ属特有の堅果の成長様式があると考えられる.また,落葉樹か常緑樹かという生活形や属内分類群に対応した堅果食昆虫相の違いはある程度認められるが,複数の植物種を食害する昆虫が多いのも特徴である.鱗翅目ではヒメハマキ類やネスジキノカワガ,鞘翅目ではクリシギゾウムシやハイイロチョッキリ,アカコブゾウムシ,キクイムシ類は広食性で,コナラ属のほかクリも食害する種もある.コナラ属の種は,同属の他種やクリと混交して生育することが多いので,堅果と昆虫の関係は,ブナの場合よりも複雑なはずである(上田

2002).

　常緑性のシイ属，マテバシイ属では，研究例が少なくまだ不明な点が多い．これまでに報告されている食害昆虫の種数は少なく，特に散布前に食害する昆虫が少ない（上田ほか 1992；照屋 2015）．これが，常緑性のブナ科植物の特徴であるのかどうか興味深く，さらに研究が必要である．

第Ⅵ章 | *Chapter VI*

どんぐりと哺乳類・鳥類

　植物の果実や種子は，散布のための様々な器官を発達させている．タンポポの冠毛(風散布)，オナモミの先端がフック状にまがったトゲ（付着散布），サクランボのたねを被う甘い果肉（被食散布）などである．ところが，どんぐりは散布のために特別の器官を発達させているようには見えない．このため，一昔前まで，重力で落ちて転がるだけの重力散布に分類されていた．ところが，最近の研究では，重力散布どころか，哺乳類や鳥類による運搬が，その散布に重要であることが次々と明らかにされてきた．これらの動物による被食や分散貯蔵が散布に重要な役割を果たしていることから，最近では"食べ残し散布"あるいは"分散貯蔵散布"と呼ばれることが多い．どんぐりは動物に食べられつつ，逆に動物を利用して生き残り，進化してきたといえる．本章では，このように，切っても切れない関係にあるどんぐりと動物との関係について見て行くこととしよう．

1 分散貯蔵散布

　哺乳類や鳥類の中には，発見した堅果類をその場で食べるだけでなく，貯蔵して後で食べる習性を持つものがある．貯蔵は，巣穴など特定の場所に集中して貯める場合と，森林内の様々な場所に分散して貯める場合とがある．前者は集中貯蔵，後者は分散貯蔵と呼ばれている．分散貯蔵する動物は，空間的な記憶能力が高く，埋めた場所をよく覚えているとされ，埋められた堅果は，後に見つけ出して食べられてしまうことが多い．しかし，稀に食べ残されることがあると，堅果は芽生えとなることが出来る．また，動物は埋めた種子・堅果をそのまま放置する訳では無く，再運搬・埋め変えや，巣穴内への持ち込みを行うことが知られている（箕口 1993）．

　どんぐりなど，分散貯蔵散布に適応した植物の種子・果実は，比較的，大型のものが多い．そのため，一般に高栄養価で，カロリー価は通常の風散布型の植物の種子に比べて，1種子あたり10〜1000倍にもなる(Vander Wall 2001)．ミネラル類も豊富に含む．これは，動物を引き付けるために，餌としての魅力を高めたのだと考えられる．また，動物によって散布される植物でも，果実が動物に食べられて糞などと一緒に種子が排泄されて散布される植物（被食散布型植物）と比べると，果実の色彩は地味で，匂いも弱く，果肉の発達が悪くて腐りにくい．これらの特徴は，散布された後の発見を防ぐと共に，菌類による攻撃を受けにくくするための工夫ではないかと考えられる（Vander Wall 2001）．また，ブナ

科の堅果は，成熟すると，果実や殻斗の基部に離層が形成されて地表面に落下する．これも地上性の小型哺乳類に運んでもらうための適応といえる．

一方，中・大型の草食性哺乳類，すなわちサルやクマ，イノシシ，シカや，一部の鳥類も，どんぐりを大量に食べることがある．しかし，分散貯蔵は行わず，その場で食べてしまうので，散布にはほとんど貢献しない．どんぐりから見ると食べられ損ということになる．ただし，どんぐりは大量に実るのでこれらの動物の個体群動態を左右し，生態系に大きな影響を及ぼすことがある．

2 物理的防御

動物を引き付け，首尾よく運んで分散貯蔵してもらったとしても，最終的に全ての堅果が食べられてしまえば，植物にとっては利益が無い．このことを防ぐため，食べられないための，正確には食べ尽くされないための性質を，植物は進化させてきたと考えられる．その性質は，（1）物理的防御，（2）化学的防御，（3）マスティングに分けられる．

種子を堅い"から"で包んで，中の胚や子葉を被食から守る性質は，ブナ科だけでなくクルミ科やトチノキ科にも共通しているが，堅果をさらに殻斗で包んで守る性質はブナ科に固有である．ブナ科の殻斗は植物形態学的に，花序殻斗と花殻斗に分けられる（第Ⅲ章参照）．2つのタイプの殻斗では，果実を保護する期間が異なっている．すなわち，花序殻斗では，殻斗は，果実が完全に

成熟するまで果実を守る．果実が熟すと殻斗は裂けて開き，中から果実が露出，落下する．一方，花殻斗では，果実は成熟の途中段階で殻斗を抜け出して露出するので，殻斗は果実を守る意味を失う．殻斗はそれ以前の幼若な果実を守るためのものである．花殻斗を持つコナラ属では，子房内の受精の失敗や食害により発達を停止した場合，幼若な果実と殻斗は，成長途中でそのまま枝から分離・脱落してしまう (Matsuda 1982)．この点は，殻斗への無駄な物質投資を避けるという意味で，花序殻斗よりも優れているように思われる．

ブナ属の殻斗は花序殻斗の代表的なものである（図3-29）．ブナでは，殻斗の成長と堅果の充実との間に，大きな時間的ズレがあることが分っている（橋詰・福富 1978；箕口・丸山 1984；橋詰 1987）．すなわち，ブナの殻斗は5月の開花後，すぐに成長を始め，1ヵ月後の6月にはすでに最大長に達し，その後は10月に散布されるまでほとんど変化しない．一方，堅果は，その大きさは殻斗の成長と並行して急速に進み，殻斗とほぼ同様の成長経過を示すが，内部の充実は大きく遅れ，胚は2カ月以上遅れた8月中旬以降，急速に充実する（図6-1）．すなわち保護器官（殻斗）と容器（果皮）をまず作り，中身（胚）は後から充実させる戦略である．これに対し，花殻斗であるコナラでは，8月初めに，堅果が幼若期の保護器官である殻斗を抜け出した後は，容器（果皮）の成長と並行して中身（胚）も成長，充実していく（図6-1）．ブナの種子はタンニンなど被食防御のための物質をほとんど含まず，コナラに比べて，化学的防御は未発達である．このため，ブナ属では，防御器官である殻斗の成長をまず優先させて，種子はその後，殻

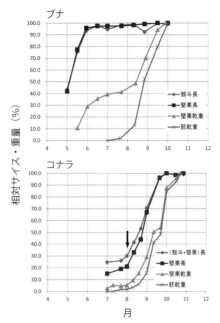

図 6-1 ● ブナとコナラの殻斗および堅果の成長パターンの比較．成長曲線は，橋詰（1987）の図 8 および図 10，図 11，図 12 から作図により値を読み取り，描き直した．コナラでは，矢印の時期に堅果が殻斗より出て成長し始める．

斗の中でゆっくりと成長させる，物理的防御に重きを置いた成長戦略を採用しているといえよう．

同じく花序殻斗を持つクリ属やシイ属ユウカスタノプシス節（いわゆるクリカシ類）の中には，殻斗を鋭いトゲで被っている種類が多数，見られる．これも，物理的防御に重きを置いた戦略で，樹上で，散布前の未熟果実を哺乳類に食べられてしまうことへの

防御ではないかと考えられる．台湾に生育するカスタノプシス・インディカ *C. indica* では，樹上でタイワンザル，ムササビの1種，クリハラリスに，殻斗がまだ緑色である段階から果実を食べられてしまうことが報告されている（Chou et al. 2011）．落下後は，ニイタカネズミ属の1種が主な捕食者，分散者である．日本でも，ニホンザルは，樹上で散布前のスダジイやマテバシイの果実を食べ，食べかすを落とす．サルは熱帯，亜熱帯域で種数，個体数ともに多く，散布前の果実を食べられてしまうことはブナ科の植物にとって脅威であろう．ただし，同じシイ属であっても，コナラ属のような椀状の殻斗を持つ種（ウーライガシ *C. uraiana* やカスタノプシス・カラティフォルミス *C. calathiformis*）では，殻斗は幼若な果実を守るだけの役割しか果たさないと思われる．

一方，花殻斗を持つ種でも，殻斗が成熟堅果を包んだまま散布される場合がある．特に，マテバシイ属では，このような種が多数，見られ，シナエドリス節（Cannon 2001）として，まとめられている（第II章およびコラム1を参照）．これらの種では，殻斗は，花序殻斗同様，果実を長期間，保護する役割を果たしていると考えられる．シナエドリス節の種では，果実も比較的，大型で，果皮よりもへその部分が肥厚して，中の種子を包んでいることが多い．

さらに，コナラ属でも，殻斗が成熟堅果を包んだまま散布される場合がある．例えば，ヒマラヤに分布するクエルクス・ラメロサ *Quercus lamellosa* では，果実の大部分を殻斗が被い，成熟後も殻斗ごと落下する（コラム1参照）．殻斗はコルク質で極めて厚い．

殻斗ばかりでなく，果皮やへそも被食に対する物理的防御に役

立つ組織として重要である．熱帯産のマテバシイ属やシイ属の中には，果皮やへそが日本産の種と大差なく薄い種が見られる一方で，果皮やへそが極めて厚く堅くなっている種が多く見られる（図6-2）．これは，哺乳類の大型化や多様化に対応した適応の結果であろうと推定される．しかし，果皮やへそが厚くなっても，げっ歯類による攻撃を完全に免れることは難しい．ボルネオ島で見たリトカルプス・ハリエリ *Lithocarpus hallieri* の果実には，げっ歯類によってかじられたと推定される丸い穴が開いていた（図6-3）．

熱帯産のどんぐりがどのような動物に食べられているかの研究は少なくて，まだよくわかっていない．マレーシア・パソの熱帯林で行われた，自動撮影カメラを用いた研究（Yasuda et al. 2005）では，マテバシイ属（*Lithocarpus lucidus, L. ewyckii, L. curtisii*）やシイ属（*Castanopsis megacarpa*）のどんぐりにはサルとしてブタオザルとロマブタザル（ダスキールトン），げっ歯類としてマレーヤマアラシ，スジヤマリス属，スンダトゲネズミ属，コミミネズミ属などの種が訪れ，どんぐりが消失した．一方，ブナ科でも，コナラ属のクェルクス・アルゲンタータ *Q. argentata* のどんぐりにはほとんど何の哺乳類も訪れず，どんぐりは残されたままであった．温帯林よりも多様な哺乳類が餌としている様子が伺えるが，植物種，動物種相互の関係はよくわかっていない．

物理的防御の意味は，単に種子を被食から守ることだけにあるのではない．後述するように，食べにくくすることは，どんぐりの分散貯蔵を促進し，散布に役立つ可能性が指摘されている．

図 6-2 ● 上,リトカルプス・プロンタウエンシス *Lithocarpus pulongtauensis* の殻斗と堅果の断面.殻斗に加え,堅果の果皮とへそも,厚く肥厚している.下,カスタノプシス・パウキスピナ *Castanopsis paucispina* の堅果.堅果を切って,中の種子(右側)を出してある.堅果の壁の大部分は厚いへそである.

図6-3 ●林床で拾ったリトカルプス・ハリエリ *Lithocarpus hallieri* のどんぐり．堅果の直径は約3.5〜4 cm．堅果全体が殻斗に被われたまま落下する（1）．殻斗はあまり厚くない（5）．堅果表面の大部分はへそで，果皮は平坦な頂部に残るのみである（3，5）．へその壁は厚いが，げっ歯類にかじられたと思われる丸い穴があけられている堅果や2つに割られた堅果も混じっている（2，4）．

3 化学的防御

　次に，成熟したどんぐりの果実としての特徴を，成分構成の点から見てみよう．動物にとって餌として重要なのは，果皮やへそ，種皮を除いた胚なので，この成分構成である．さきに述べたように，種子の大部分は肥大化した子葉であり，幼植物のための大量の貯蔵物質を貯め込んでいる．コナラ属の堅果で最も多いのは炭水化物であり，生重の半分以上を占めている（松本ほか1997）．4

割ほどが水分であり，これを除く乾燥重量比でみると，8割以上が炭水化物によって占められ，脂質およびタンパク質はたかだか5％程度しか含まれていない（島田 2008）．一方，ブナ属の堅果では，水分はさらに少なく，脂質，タンパク質，ミネラル類が豊富で，コナラ属よりも高栄養価である（Grodziński and Sawicka-Kapusta 1970；橋詰 1979）．どちらも，果実としては水分含量が少ないため腐りにくい．

　また，動物による摂食を阻害する物質も含まれている．タンニン，テルペノイド類，植物繊維（ヘミセルロース，リグニン，セルロースを含む）が哺乳類の摂食阻害物質として知られている（Wrangham et al. 1998）．いずれもブナ科の種子中に含まれている．このうちテルペノイド類は動物に対する毒性を持つことによって，また，植物繊維は消化しにくく，消化器官内に長時間，滞留することによって摂食を阻害する．タンニンの作用については，以下に述べる．

4 タンニン

　コナラ属のどんぐりは，子葉にタンニンを多く含むのが特徴である．タンニンは，タンパク質と結合する性質を持つ分子量 500 以上の水溶性ポリフェノール類の総称で，様々な種類がある．動物による摂食を防ぐ防御物質として，植物の葉や茎，根などに普遍的に含まれている．タンニンには，抗酸化作用，抗菌作用があることも知られており，どんぐりを腐りにくくする効果もある．

タンニンは，動物の消化管内で消化管の細胞や消化酵素と結合して消化阻害を引き起こし，時には致命的な障害を与えることが知られている（島田 2008）．

ブナ科の植物の堅果中に含まれるタンニン量の比較研究は，まだ不十分である．タンニンには様々な測定方法があり，異なった測定方法で求められた値を単純に比較できないことも，比較が不十分な原因である．日本産の種では，ブナやクリにはあまり含まれず，スダジイやマテバシイ，シリブカガシの含有量もコナラ属に比べると低い（松本ほか 1996）．さらにコナラ属の中でも，ミズナラ，コナラ，ナラガシワなどは高い値を示すが，イチイガシ，ウバメガシなどはやや低く，種によってかなりの違いが認められる（松山 1982；松本ほか 1996；島田 2008）．マテバシイ属やシイ属でタンニン量が低い傾向は，日本産の種だけでなく，海外産の種についても共通と考えられているが，具体的なデータはほとんどない．

Shimada and Saitoh（2006）は，コナラ属の堅果の成分に関する研究をレビューし，27 種（日本産 8 種，北米産 17 種，欧州産 2 種）について比較を行った．その結果，堅果の成分構成は様々で，タンニン，タンパク，脂質の含有量によって 3 つのタイプに分けることができた．各タイプと，属内系統群（亜属や節）や産地との間に対応関係は認められなかったとしている．日本産の種では，タイプ 1（高タンニン，高タンパク，高脂質）に分類された種は認められず，ナラガシワ，コナラ，ミズナラ，アラカシ，シラカシはタイプ 2（高タンニン，低タンパク，低脂質）に，クヌギ，アベマキ，イチイガシはタイプ 3（低タンニン，中程度のタンパクおよ

び脂質）に分類された．また，北米産の種では，シロナラ節よりもアカナラ節の方がタンニンを多く含むとされているが（Vander Wall 2001），これにも例外が認められた．

5 | タンニンの影響とげっ歯類の対抗戦略

　アカネズミやヒメネズミなど森林性のげっ歯類は，秋～冬にかけて，落下したどんぐりを大量に摂食することが知られている．これらの動物は，どんぐりの中に存在するタンニンによって摂食障害を起こさないのだろうか．Shimada and Saitoh（2003）は，捕獲したアカネズミにコナラとミズナラの給餌実験を行い，摂食障害について検討した．その結果，どんぐりのみを与えたアカネズミは急激に体重を減らし，特にミズナラでは半数以上の個体が死亡してしまった．ところが，捕獲したアカネズミに対して，最初の10日間，少量のミズナラのどんぐりとタンニンを含まない飼料を同時に与えて，タンニンに対する"慣れ"を生じさせてからミズナラのどんぐりだけを与えて飼育すると，体重減少は見られず，死亡もほとんど生じなかった（Shimada et al. 2006）．一見，不思議な現象であるが，このメカニズムとして，第一に，タンニン結合性唾液タンパク質（PRPs）と呼ばれる，タンニンに結合して無害化するタンパク質をアカネズミが唾液中に出しており，タンニンを摂取することによりその分泌量が増加して，タンニンの臓器に対するダメージを緩和したと考えられた（Shimada et al. 2004, 2006）．次に，アカネズミの腸内には，上記のようにして生じた

タンニン－たんぱく質複合体の加水分解酵素であるタンナーゼを生産する腸内細菌（タンナーゼ産生細菌）が存在していることが明らかにされ（Osawa et al. 2006），その保有量が多い個体ほど，障害を受けにくいことが分った（Shimada et al. 2006）．タンニン－たんぱく質複合体の加水分解と再利用によって窒素バランスの悪化を軽減していると考えられている．実際の森林では，落下量のピークを迎える前から少量のどんぐりが落下しているので，このどんぐりを少しずつ食べることによって，アカネズミは，タンニンに対する"慣れ"を獲得し，餌としてどんぐりを大量に摂取することが出来ると考えられている．

さらに，上記のような二重の生理的メカニズムによる摂食障害の回避に加え，アカネズミは，タンニンの含有量の多い部分を食べ残す傾向があることも分った（Takahashi and Shimada 2008）．また，北米に生息するアカリスは，どんぐりがたとえ豊作であっても，1日に4〜6個のどんぐりしか食べないという報告がある（Wauters et al. 1992）．このように，動物は行動的なメカニズムによってもタンニンの負の影響を回避しているようである．

6 物理的防御と化学的防御のトレードオフ

物理的防御と化学的防御はどちらも植物にとってコストがかかるので，両者間にはトレードオフの関係が予想される．タンニンによる化学的防御は，特にコナラ属で発達しているように思われる．これは，コナラ属が花殻斗で，殻斗への物質投資が相対的に

少ないことに関連しているのかもしれない．一方，花序殻斗で，殻斗への物質投資が相対的に多いと予想されるブナ属，クリ属，シイ属では，堅果中のタンニン量は少ない傾向にある．では，殻斗の形態的多様性が最も高いマテバシイ属では，どのようになっているだろうか．よくわかっていないが，次の研究がある．

中国産のマテバシイ属の6種で，物理的防御と化学的防御のトレードオフを調べるために，殻斗の形態と種子の化学成分との関係が比較されている（Chen et al. 2012）．その結果，果実が殻斗に完全に被われたまま散布される種（シナエドリス節，物理的防御がより発達している）では，果実が殻斗から成長して抜け出す種（物理的防御が未発達）よりも，種子に含まれる炭水化物（粗タンパク，単糖類，脂質）の比率が高く，食物としての栄養価が高かった．一方，摂食阻害物質については，果実が殻斗から成長して抜け出す種の方が，植物繊維の量が多かったが，タンニン量には違いが無かった．このことから，化学的防御としてはタンニン類よりも植物繊維の方が重要であり，物理的防御とトレードオフの関係になっているのではないかと推定されている．

7 堅果の散布をめぐる植物と哺乳類の戦略的駆け引き

一口に堅果と言っても様々な大きさ，形，成分のものがあり，これを食べる哺乳類も様々なものがいるので，散布をめぐる両者の関係は複雑である．堅果の性質の違いは，以下にやや詳しく述べるように動物の行動を変化させることがわかってきた．この問

題に関するレビューとして Vander Wall（2010）がある．

（1） サイズ・栄養

　分散貯蔵を行うげっ歯類は，小型の種子，堅果をその場で食べ，一方，サイズの大きな，栄養価に富む堅果ほど貯蔵に回す率が高く（Shimada 2001；Zhang et al. 2008；Chang et al. 2009），また遠くまで運搬して埋める率が高いこと（Seiwa et al. 2002；田村 2011）が指摘されている．また大小 2 種類の堅果がある場合，小型のげっ歯類は小型の堅果だけを選んでその場で食べ，大型の堅果は利用せず，分散貯蔵も行わない，一方，大型のげっ歯類は，小型の堅果をその場で食べるが，大型の堅果は分散貯蔵する確率が高いと報告されている（Shimada2001）．なぜ，このようなサイズによる選択が認められるのだろうか．

　動物が分散貯蔵するのは，見つけた種子・堅果を他の個体あるいは動物に横取りされることを防ぐためと考えられている．遠くに運んで埋めるほど，種子・堅果類が集中する母樹近傍から離れ，他の個体に発見・横取りされにくくなると考えられる．また，大きな種子・堅果ほど一般に高栄養価であり，食べることによって多くのエネルギーを得ることが出来るだろう．一方，遠くに運ぶためには運搬のためのエネルギーコストが高く，時間もかかる．動物が発見した種子・堅果をその場で食べるほうが効率的か，分散貯蔵に回したほうが効率的かは，（1）分散貯蔵することによって得られる利益（種子・堅果が横取りされずに残る確率×1 種子・堅果の栄養価）と，（2）そのために費やす移動エネルギーや時間

的損益とのバランスによって決まるはずである (Stapanian and Smith 1978). このことから小さな種子・堅果は, (1) が小さいのでその場で食べたほうが効率的であり, 逆に大きな種子・堅果は, 遠くに運んで埋めたほうが効率的なのではないかと考えられている. また, 小型のげっ歯類では (2) のコストが相対的に高くなるため, 大型のげっ歯類に比べ, その場で食べるほうが効率的になるのではないかと考えられている.

一方, 植物から見て, 遠くに運ばれて分散貯蔵されることにはどのような意味があるのだろうか. 母樹の近傍は, 同じ種の果実や実生を害する病原菌や昆虫などの密度が高いことが多い. したがって, 母樹から離れることには, 果実や実生の生存率を高める効果があると予測される. また, 遠くまで運ばれることで, 様々な環境下に散布されることになり, 再生適地に到達する確率が高まる. クリでは, 林冠ギャップに運ばれ埋められた堅果は, 食べられずに発芽して実生に成長する確率が高いことがわかっている (Seiwa et al. 2002). さらに, 一般にどんぐりは乾燥に弱く, 発芽率が低下してしまう. 浅い場所に埋められて落ち葉で被われることは, 乾燥による死亡率を低下させる効果があると考えられる.

(2) 発芽時期による違い

分散貯蔵を行う動物は, 発芽時期の早い堅果 (秋発芽タイプ) はその場で食べ, 発芽時期の遅い堅果 (春発芽タイプ) は貯蔵に回す傾向があるという (Chang et al. 2009). 発芽したどんぐりは, 発芽に貯蔵物質の一部が消費されてしまうことで, 餌として価値

が低下すると考えられる．発芽しやすいどんぐりから食べることで，どんぐりを有効に消費することが出来る．さらに，発芽の早い堅果は，胚をかじり取って発芽しないようにする例も報告されている（Fox1982）．これも餌としての価値を低下させない効果がある．

（3） 物理的防御

どんぐりの殻斗や果皮が厚ければ，それを取り除き中の種子を食べるまでに時間がかかる．もし，動物がそれほど空腹でないのならば（例えば秋の堅果落下時期），このような果実は分散貯蔵に回し，後に食べるほうが効率的である．このことから，物理的防御には，単なる被食防御だけでなく，分散貯蔵される確率を高め，散布距離を大きくする効果もあると考えられている（Jacobs 1992）．

（4） 化学的防御

タンニンなど被食防御物質を多量に含むどんぐりの摂食には，消化吸収するために代謝的なコストが必要となる．例えば，タンニンが消化酵素と結合してしまうために生じるタンパク質の消化阻害や，上皮，肝臓，腎臓など内臓の損傷，タンニンを無害化する物質の生産のコストなどである（Chung-MacCourbrey et al. 1997；Vander Wall 2010）．動物は，タンニンを多く含むどんぐりをその場で食べずに分散貯蔵に回す確率が高いことが，数多く報告されて

いる（Shimada 2001; Xiao et al. 2008, 2009）. これも物理的防御と同様に, どんぐりを効率的に利用する戦略と考えられている. すなわち, コストがかかるどんぐりは, 後に餌が不足した場合に食べる保険として分散貯蔵に回し, タンニンの少ないどんぐりから食べる方が効率的である（Vander Wall 2010）.

8 マスティングと昆虫・小型哺乳類

タケなど一部の草本植物や多くの樹木は, 年により結実量が大きく変動する. すなわち豊作年と不作年がある. これをマスティングという. マスティングの原因（究極要因）として, 受粉効率を上げるためとする受粉効率仮説とともに, 捕食者飽食仮説が有力な仮説として考えられている. 捕食者飽食仮説は, 果実数が大きく変動することによって捕食者の密度を低く抑え, 豊作年には, 果実の食べ残しが生じて, その生存率が高まる効果があるので, このような性質が進化したという仮説である.

マスティングについて, 日本では, ブナで最も研究が進んでおり, 鎌田（2005）, 寺沢・小山（2008）などに詳しい. ブナの場合, 雌花の子房が成熟堅果に成長するまでの間の最大の死亡要因は食害昆虫, 特にブナヒメシンクイなど鱗翅目の幼虫による食害である. 日本のブナ林はブナの密度が極めて高く, 餌資源が比較的, 単一で豊富な上, ブナヒメシンクイなど強力なスペシャリストが存在する. このため, ブナのマスティングとその食害昆虫の個体数変動との間には明瞭な相関があり, 捕食者飽食仮説が成り立つ

と考えられている．

　一方，げっ歯類とブナのマスティングの関係について，箕口(1988) は，4種のげっ歯類（ヒメネズミ，アカネズミ，ヤチネズミ，ハタネズミ）の個体数変動について調べ，豊作年翌年の春に，個体数が大きく増加したが，1年後には激減したこと，特に，草原性のハタネズミや二次林・疎林を好むアカネズミでは，個体数の変動が大きかったことを報告している．こちらも捕食者飽食仮説を支持する結果であるが，げっ歯類の種類によって，マスティングの与える影響が大きく異なることも示されている．

　また，Nakamura et al. (2013) は，マテバシイの果実生産と実生定着までの死亡率などを14年間にわたって追跡調査し，マテバシイの果実生産量は年により大きく変動してマスティングを示すが，捕食者であるアカネズミやヒメネズミの個体数変動は，必ずしも同調しないことを見出した．実生が定着するためには果実生産のマスティングが不可欠であるが，同時にげっ歯類の個体数が少なく捕食圧が十分に小さなことも必要であると結論している．

　以上の研究例は，いずれも植物種が単一（ブナあるいはマテバシイ）の場合の捕食者飽食仮説の検証例であるが，植物種が複数の場合はどうだろうか．ブナ科ではないが，どんぐりによく似た種子を作るトチノキが，ブナと共存している場合の相互関係が調べられている（星崎 2006）．ブナの堅果とトチノキの種子は，前者が相対的に小型であるが，高栄養価で被食防御物質も含まないのに対し，後者は相対的に大型であるが，栄養価が低く被食防御物質のサポニンを含むという特徴がある．ブナの豊作年には，秋〜冬のトチノキ種子の生存率は，ブナの凶作年に比べて増加した．

ネズミ類がトチノキよりもブナを好んで食べたためと考えられる．ところが，春になるとトチノキ種子の生存率は凶作年の後の春より低下してしまった．ブナ堅果はトチノキ種子よりも季節的に早く発芽してしまい，餌としての価値が低下するので，冬の内に個体数の増えたネズミ類が，今度は好んでトチノキ種子を食べるようになったためと考えられている．結果的に，秋～春を通して見ると，春のマイナス効果が秋～冬のプラス効果を上回り，ブナの豊作年にはトチノキ種子が実生として生き残る確率は低下することが解った．このように，げっ歯類による捕食圧は，利用できる堅果の種類や状態，げっ歯類の行動の変化によって変化していると考えられる．

堅果類のマスティングと，これを食べるげっ歯類の個体数変動の関係は，（1）堅果の餌としての質，すなわち成分構成や栄養価，被食防御物質の量，および（2）げっ歯類の食性，すなわち，種子だけを食べる種子食者か，あるいは他の果実，茎，葉なども食べる草食者か，などにより様々に変化する．研究の進んでいるコナラ属に限ってもいろいろな場合があるので，単純な一般化は難しい．Shimada and Saitoh（2006）により，両者の関係に関する既存の研究がレビューされている．その結果，(a) 堅果が高栄養価・高タンニンの場合や，(b) 中栄養価・低タンニンの場合，げっ歯類が種子食者であれば，いずれの堅果類のマスティングにも対応して個体数変動が観測されたが，げっ歯類が種子食者と草食者の中間的な食性を持つ場合は，(b) の場合のみマスティングに対応した個体数変動が観測されている．さらに，堅果が (c) 低栄養価・高タンニンの場合には，マスティングに対するげっ歯類の個体数

変動は観測されず,また,げっ歯類が草食者である場合はいずれのタイプの堅果類のマスティングに対しても明確な個体数変動は示さなかった.

ブナ科の植物が形作る森林は,日本のブナ林のように単一種が優占する例はむしろ稀であり,複数種の樹木が地形や土壌条件,攪乱体制,標高傾度に応じてすみわけ,共存していることが多い.このような森林でのどんぐりとげっ歯類との相互関係は,一層,複雑で,単に捕食者飽食仮説だけで説明できる例はむしろ稀であろう.

中国四川省の常緑広葉樹林で,複数種のブナ科堅果と複数種のげっ歯類との相互関係が調べられている (Chang and Zhang 2014).調査地に見られるブナ科は4種で,どんぐりの重さの順にリトカルプス・ハルランディイ *Lithocarpus harlandii*,アベマキ *Q. variabilis*,コナラ *Quercus serrata*,カスタノプシス・ファルゲシイ *Castanopsis fargesii* で,この他に大型種子を着けるツバキ科の油茶 *Camellia oleifera* が生えている.タンニンはコナラ属の2種が高く,他の種はほとんど含まない.げっ歯類は7種で,体重の順に,エドワーズコミミネズミ *Leopoldamis edwardsi*,クマネズミ属の1種 *Rattus nitidusa*,シナシロハラネズミ *Niviventer confucianus*,ヒマラヤクリゲネズミ *N. fulvescens*,シェブリエアカネズミ *Apodemus chevrieri*,オオミミモリアカネズミ *A. latronum*,タツアカネズミ *A. draco* であった.その相互関係は極めて複雑であるが,主成分分析の結果,食べるのに時間を要する堅果,高栄養価の堅果,高タンニンの堅果は消費よりも貯蔵に回される傾向にあり,大型のげっ歯類は,食べるのに時間がかかる堅果や高栄養価の堅果と関係が深く,小型の

げっ歯類は，食べるのに時間がかからない堅果，低栄養価，高タンニン量の堅果と関係が深いとしている．実際には堅果のマスティングやげっ歯類の個体数変動が加わり，相互関係はさらに複雑化するはずである．

9 どんぐりと中・大型哺乳類

　サル，イノシシなど中型哺乳類やクマ，シカなど大型哺乳類は草食性であり，季節によって様々な植物を餌としている．どんぐりは高栄養価であり，かつ豊作年には大量に供給されるので，これらの哺乳類にとっても餌としての重要性が高い．特に，温帯では秋〜冬にかけての餌として重要である．このため，マスティングによって供給が不足する年があると，どんぐりを餌とするこれらの動物個体群の移動を引き起こし，農林業や人間の居住空間に被害が生じることがある．

　橋本・高槻（1997）による，日本産のツキノワグマの食性に関する総説によれば，落葉樹林帯においてブナとミズナラは，クマの秋の餌として最も重要なものである．特にブナやミズナラの豊作年には，それらの堅果が餌の大半を占める．近年，ツキノワグマが里山や人家周辺に出没し社会問題となっているが，ブナやミズナラなど堅果類の豊凶と有害鳥獣として捕獲されるツキノワグマの頭数の間には明瞭な相関があり（水谷ほか 2013），ブナやミズナラの堅果類の凶作が，ツキノワグマの人里付近への移動の一因となっていることは確実である．一方，常緑樹林帯にもツキノワ

グマは生息しているが，個体数も少なく，その食性についてはまだよくわかっていない．元々，ツキノワグマは東アジア大陸部に生息するアジアクロクマの亜種であり，アジアクロクマの食性もツキノワグマと類似しているようだ（橋本・高槻 1997）．

ニホンジカもどんぐりを餌とする．落葉広葉樹林帯に位置する北上山地の五葉山では，冬季の餌として重要なのは林床に生育するミヤコザサであり（高槻 1992），堅果類の餌としての重要性は相対的に低いと考えられる．これに対し，常緑樹林帯に位置する房総半島では，ニホンジカは，スダジイやアカガシ，アラカシ，マテバシイなどの堅果類を，秋〜冬に多く食べることによって脂肪の蓄積を増やし，餌不足によって栄養状態が悪化する冬季の死亡率を低下させていると考えられている（Asada and Ochiai 2009）．餌としての重要性は相対的に高い．

落葉広葉樹林帯を主な生息域とするニホンカモシカについては，秋にミズナラの堅果を食べることはあるようだが，餌としてのどんぐりの重要性は低く，主な餌は林内に生育するオオカメノキ，オオバクロモジなどの低木やササ類，スゲである（Ochai 1999；落合 2016）．ただし，常緑広葉樹林帯における食性については，研究不足で未解明な点が多いようだ．

次に，イノシシにとってもどんぐりは重要な餌である．ニホンイノシシも里山や人家周辺への出没が社会問題となっているが，広島県の島嶼で調べられた例では，堅果類の捕食は秋に多く，その豊凶やその落下時期が，主要な栽培植物であるかんきつ類の食害被害と密接に関連している（木村ほか 2009）．島根県での調査例でも，堅果の利用は秋〜冬に多く，堅果類の量の多寡が根・塊茎

類の利用の多寡と関連していることが報告されている（小寺ほか 2013）．常緑広葉樹の自然林が広く残る西表島でリュウキュウイノシシの食性を調べた例でも，イノシシはイタジイ（オキナワジイ）やオキナワウラジロガシの堅果を好み，秋〜冬の主要な餌としている（石垣ほか 2007）．ヨーロッパでも，オリーブの実とともにどんぐりは，イノシシの主要な餌のひとつであり，豊作年には両者が餌の大半を占め，体重と出産の増加に影響する（Massei et al. 1996）．

　ボルネオ島などの熱帯林に生育するヒゲイノシシ *Sus barbatus* は，餌となる果実のマスティングに対応して個体群が壮大な移動をすることで知られている（Caldecott et al. 1993；Curran and Leighton 2000；Ashton 2014）．このイノシシの成長や繁殖には栄養価の高い果実，中でもフタバガキ科とブナ科の果実が重要であると考えられている．熱帯低地林の優占種であるフタバガキ科の樹木は顕著なマスティングを示し，多くの樹種が数年に1回程度，不定期に同調して一斉に開花，結実する．一方，ブナ科の樹木は熱帯山地林に多く，マスティングの種間の同調性はフタバガキ科の樹木ほど高くなく，結実は継続的である．低地林のフタバガキの樹木が一斉開花し，大量の果実が林床に落下すると，通常は単独で生活しているヒゲイノシシは，数十頭〜数百頭に及ぶ群れを作って熱帯低地林へと移動し，落下した大量の果実を食べる．そして，これを食い尽くすと，群れを成して山地林や，他の植物が得られる河ぞいの森林に戻って行く．その移動距離は 250 〜 650km にもなることがある．しかし，伐採によって熱帯低地林の占める面積が減少してしまった現在，大規模な群れの移動は見られなくなり

つつある.

10 どんぐりと鳥類

鳥類の中で，どんぐりを餌とすると共に分散貯蔵する習性を持つのは，主にカラス科の鳥類（カケス属，アオカケス属，アメリカケス属，ホシガラス属，カラス属など）である．カラス科以外の鳥類でも，ヤマガラなどシジュウカラ科の鳥類が，種子・堅果類を運んで，樹皮の割れ目や木の根元など様々な場所に貯蔵することが知られている（中村 1970）．また，北米のドングリキツツキは大木の樹皮に無数の穴をあけて，どんぐりを1個ずつ埋めて貯えることで有名であるが，集中貯蔵であり（Fisher, W. K. 1906），堅果の散布にはほとんど貢献しないと思われる．

分散貯蔵を行わない鳥類の中でも，どんぐりを餌としているものがいる．日本産の鳥類の中では，キジ，ハト類，カルガモなど陸上植物を主な餌とする鳥類がどんぐりを食べることが知られている．中でもオシドリは，どんぐりを特に好んで食べる．日光など東日本各地で得られた胃内容物の分析結果から，ブナ，コナラ，ミズナラなどコナラ属の堅果を，高頻度で，季節的にも様々な時期に食べていたことが報告されている（千羽 1966）．オシドリは樹上でどんぐりをついばむとされているが，堅果の着果時期外にも検出されることから，地上に落下した後のどんぐりも食べていることが解る．

さらに，鳥類の中で最も大量にどんぐりを餌にしていたのが，

絶滅鳥類として有名なリョコウバトである．リョコウバトは北米大陸東部の森林地帯に生息し，1億羽にもなる巨大なコロニーを作って生活していた（永戸 2001；Ellsworth and McComb 2003）．分布域全体では30〜50億羽いたと推定され，晩冬〜早春に繁殖のために巨大な群れを作って南から北に移動し，その下では，太陽も陰るほどであったといわれる．幅1 km長さ400〜450kmに達する巨大な群れが観察されている．餌は果実で，秋の結実期や，春先の繁殖期に大量のどんぐりを食べていた．しかし，18世紀以降，食料や羽毛採取を目的として乱獲され，1914年，シンシナティ動物園で飼われていた1羽を最後に絶滅した．絶滅により，現在では検証不可能となってしまったが，北米の森林生態系へも大きな影響を与えていたと考えられている．Ellsworth and McComb (2003) は，繁殖のためのコロニーでは，(1) 群れの重さにより幹や枝折れが大量に発生して森が明るくなり森林の再生に影響した，(2) 枯れた幹や枝の蓄積により山火事の頻度が増えた，(3) 大量の糞により土壌環境が変化し，林床植生が枯死した，などをあげている．また，繁殖のため，春先に大量のどんぐりを餌としていたことから，春発芽型で発芽の遅いアカナラ節のどんぐりが選択的に食べられ，秋発芽型のシロナラ節の再生に有利に働き，その優占度を高める効果があったと推定している．これらのことから，リョコウバトの絶滅は，北米の森林生態系に大きな影響を与えた可能性が高い．

11 | 哺乳類や鳥類による種子散布距離

 ところで，分散貯蔵を行う哺乳類や鳥類により運ばれる堅果や種子の散布距離はどれほどであろうか．箕口（1993）は，自身の研究を含め，いくつかの研究をレビューし，野ネズミ類によるコナラ属堅果の散布距離は，時に50mを超えることもあるが，大部分は30m以下であるとしている．常緑広葉樹林で調べられた例として，山川ほか（2010）が急傾斜の照葉樹林で調べた例では，やはり堅果の約8割程度は約20mの範囲内に野ネズミにより散布されていた．野ネズミによるクリの堅果の散布について調べた例でも，林冠の下では5〜25mの範囲に散布された堅果が最も多く，最長でも35m，ギャップではさらに短く，最長でも10m以下であった（Seiwa et al. 2002）．また，どんぐりではないが，トチノキの種子のネズミ類による散布について調べた例では，年により変化するが，平均値で12.2〜44.7m，最大で117mと報告されている（Hoshizaki et al. 1999）．さらに，ニホンリスによるオニグルミの散布について調べられた例でも，稀に100m以上，運ばれることもあったが，ほとんどは50m以内に限られていた（田村 2011）．このように分散貯蔵を行う哺乳類による堅果や種子の散布距離は，概ね数十メートル程度であることが多く，母樹下を離れることや，浅く埋められることによって生存率を高める効果はあっても，個体群の分布域の移動や拡大にはあまり寄与していないと考えられる．

 一方，鳥類による種子散布については，どうだろうか．カラ類

による堅果の散布について，松井ほか（2010）は，ブナの自生北限域における種子散布距離推定のため，晩秋期のヤマガラの行動圏をラジオテレメトリ法によって調査し，ヤマガラによるブナ種子散布距離の限界値を 163 ～ 529m の間であると推定している．また，日本産の種ではないが，北米では，アオカケスによりアメリカブナの堅果が 4 km 運ばれたとする例が報告されている（Johnson and Adkisson 1985）．いずれにしても，げっ歯類よりは，長距離，散布していることは確実であろう．

　鳥類による種子散布については，最終氷期以降の植物の急速な分布域拡大との関連が注目されている．ヨーロッパでは，花粉分析の結果などから，最終氷期最盛期には，温帯性植物はアルプス山脈よりも南側まで逃避していたとされ（Huntley and Birks 1983；米林 1996），コナラ属やブナ属の堅果は，散布力が小さなことから，1000km 近く離れた現在の分布北限域まで，どのように到達したかが謎とされてきた．この謎は，初めて気づいた植物学者の名を冠してレイドのパラドックス（Reid's paradox）と呼ばれている．北米でも，従来の花粉分析の結果によれば，最終氷期最盛期には，アメリカブナなどの温帯性植物はメキシコ湾岸平野東部やフロリダ半島に逃避していたと考えられ（Davis 1983；米林 1996），現在の分布域北限である五大湖周辺まで，どのように分布拡大したかが謎であった．これらの謎のひとつの解答として想定されたのが，カケスなどカラス科の鳥類による堅果類の長距離散布である．北米大陸では，絶滅したリョコウバトも，この長距離散布に寄与していたのではないかと推定されている．Webb（1986）は，リョコウバトは分散貯蔵する性質を持っていた訳ではないが，飛翔力に

優れ，また個体数が膨大で大量の堅果を消費していたことから，偶発的な要因，すなわち，吐き戻しやどんぐりを食べた直後の死亡などによって，稀ではあっても，長距離散布されたのではないかと推定している．

一方，レイドのパラドックスについては，最近の分子系統地理学研究の成果から，新たな光が当てられている．すなわち，花粉分析では空間精度の関係から検出することが不可能な小さな逃避地（隠れた逃避地 cryptic refugia や微小逃避地 micro refugia などと呼ばれる）が，従来の想定よりも北方に複数，存在し，この場所の集団からの分布拡大が，現在の分布域形成に大きく寄与したと考えられている (MacLachlan et al. 2005; Magri et al. 2006)．この説によれば，最終氷期以降の移動距離は大幅に少なくて済むこととなり，パラドックスはある程度，解消される．古植物学的研究からも，微小炭 micro charcoal などの研究の進展から，花粉分析では検出できなかったような小規模集団の検出が可能となってきているが，両分野の研究成果にはまだ乖離もあり，さらに検証が必要である．

コラム❹ ところ変われば大きさも変わる
—どんぐりのサイズの地理的クライン—

ブナ科の植物が作るどんぐりのサイズは，同じ属内，同じ種内でも大小があり，さらに，木によって，年によっても大きさがかなり異なることが知られている．このような違いを，生物学では「変異」と呼んでいる．変異が生じる背景には，遺伝的，生態学的な理由があると考えられ，生物進化の研究上，重視されてきた．ダーウィンの進化論も，生物の示す様々な変異と，その変化の理由を考えるところから出発している．どんぐりが示す大きさの変異について，動物の行動との関係については，本文で述べたが，ここでは，大きさが地理的に一定の傾向で変化する現象，すなわち，どんぐりサイズの地理的クラインについて紹介しよう．

どんぐりのサイズは，同じ種であっても，北や高所に行くほど，すなわち，気温が低下し，生育期間が短くなって温量指数が小さくなるにつれて，小さくなるのが普通である．北アメリカでは，Aizen and Woodcock (1992) が，コナラ属の 32 種について，緯度と堅果サイズの種内変異との関係を調べ，26 種（有意差の認められたのは 18 種）で，北に行くほどサイズが小さくなることを見出している．Koenig et al. (2009) も，クエルクス・マクロカルパ *Q. macrocarpa* の堅果のサイズが，北方ほど明瞭に小さくなることを見出している．

ヨーロッパにおいても，セイヨウヒイラギガシ *Q. ilex* (Bonito et al. 2011；García-Nogales et al. 2016) やコルクガシ *Q. suber* (Ramírez-Valiente 2009) について，北の集団ほど堅果サイズが小さくなることが報告されている．ただし，セイヨウヒイラギガシでは，分布の中央部分でサイズが最大値に達した後，分布南限地（ア

フリカ北西部）では，再度，サイズが小さくなっていた（García-Nogales et al. 2016）．

日本では，ミズナラの堅果サイズと生育地の温量指数との間に正の相関があることが知られている（日浦ほか 1992a, 1992b）．また，関東地方のコナラの集団においても，温量指数や年平均気温との間に正の相関が認められている（Iwabuchi et al. 2006）．

このような地理的クラインが形成される原因として，緯度の増加に伴う平均気温や温量の低下，開花時期の遅れや早期の落葉によって，堅果の成長が制約され，堅果に配分される光合成産物の量が少なくなることが指摘されている（Aizen and Woodcock 1992；日浦 1992b；Iwabuchi et al. 2006；Koenig et al. 2009；Ramírez-Valiente 2009；García-Nogales et al. 2016）．ただし，この変化が，気候環境に対する植物の可塑性の結果として生じているのか，それとも遺伝的な背景を持つのかについては，よくわかっていない．

また，堅果サイズによる種子散布力の違いが，このようなクラインをもたらしている可能性も指摘されている．すなわち，北米やヨーロッパにおいて，コナラ属の植物は，最終氷期以降，気候の温暖化に伴い，北方へ分布を急速に拡大したことが知られているが，その際，カケスなどの鳥類による堅果の長距離散布が重要であったと考えられている（Johnson and Adkisson 1985）．ところが，カケス類は，相対的に小さな堅果を好むことがわかっている（Scarlett an Smith 1991；Moore and Swihart 2006）．したがって，分布拡大時に，小さな堅果が選択されて散布され，北方の分布域が形成された可能性がある．Koenig et al.（2009）は，北米のクエルクス・マクロカルパ *Q. macrocarpa* について，もし，選択散布仮説が正しいとすれば，堅果の平均サイズが小さな北方の集団において堅果サイズの分散も，北方の集団において小さくなるはずであると考えて検証したが，支持する結果は得られなかった．

次に，堅果サイズが発芽や実生の定着・成長に与える影響という観点から，北方の集団ほど堅果サイズが小さいことは説明できるだろうか．これまでに，同一種内では，大きな堅果ほど早くに発芽し，発芽率も高く，大きく成長して生存率も高いことが知られている（例えば Tripathi and Khan 1990）．北方の集団では，遅霜により実生の葉や茎が障害を受けて枯死することがあるが，この場合も大きな堅果に由来する大きな実生ほど生存率が高い（Aizen and Woodcock 1996）．したがって，大きな堅果ほど北方で定着，成長できる確率が高いはずで，現実とは正反対のパターンとなってしまう．

　一方，生育地の乾湿条件と堅果サイズにも対応関係があることが知られている．コルクガシでは，乾燥した気候下の集団ほど堅果サイズが大きく，実生の生存率が高いことが知られている．この地理的変異には遺伝的背景があり，産地間での異なった気候への適応として，堅果サイズの大小が生じていると考えられている（Ramírez-Valiente et al. 2009）．セイヨウヒイラギガシでも，乾燥した気候下の集団ほど，堅果サイズが大きく発芽速度が速い（Bonito et al. 2011）．したがって，堅果サイズの大小は，乾湿条件への適応として，発芽や実生の定着，成長の観点から説明できるかもしれない．

　次に種間での堅果サイズの違いについては，どうだろうか．Aizen and Woodcock (1992) は，北米東部に生育するコナラ属の32種について堅果サイズを比較し，大きな堅果を作る種ほど分布域が広く，北まで分布していることを見出している．この傾向は，同時に調べられた，同一種内での変異とは全く逆の傾向である．一方，種内変異と同様に，種間でも，北に分布する種ほど，堅果サイズが小さい例も報告されている．Koehler et al. (2012) は，合衆国南部から中米にかけて分布するコナラ属ビレンテス節（表2-5参照）の4種（常緑性だが寒冷時には葉を落とすこともある）から，

堅果を採取し生育実験を行った．4種の分布域は南北方向に少しずつずれており，堅果サイズは，最も南部に分布する熱帯性のクエルクス・オレオイデス *Q. oleoides* が最も大きかった．また，実生の耐凍性と成長速度はトレードオフに関係にあり，クエルクス・オレオイデス *Q. oleoides* は，葉や茎の耐凍性は低かったが，成長速度は大きかった．このことから，コナラ属ビレンテス節は，熱帯に起源を持ち，北方へ分布を拡大する過程で，耐凍性を高め，逆に成長はゆっくりする方向に適応，種分化し，これと同時に堅果サイズの種間変異が形成されたのではないかと推定している．Xu et al. (2013) も，アジアにおけるコナラ属について，熱帯に起源したアカガシ亜属と温帯に起源したコナラ亜属とで，利用可能なエネルギー量と水分量のどちらが種多様性の制限要因となっているかを地域間で比較し，アカガシ亜属では主にエネルギー量が制限要因となり，コナラ亜属では水分条件が制限要因となっていることを報告している．したがって，コナラ属で見られる地理的な種間変異については，環境条件だけでなく属内系統群の起源地を考慮して検討する必要がありそうだ．

　さらに，植物が種子や堅果に配分可能な物質生産量が一定であると仮定すれば，種子のサイズと個数の間にはトレードオフ関係が予測される（Smith and Fretwell 1974）．したがって，堅果サイズは，生産個数とのバランスによっても変化するはずだ．しかし，両者を考慮した解析は，まだ行われていないようだ．

第VII章 | *Chapter VII*

ブナ科植物と菌類

　森の中には様々な菌類が生息している．菌類は，生態系の中で，分解者として極めて重要な役割を果たしていることはよく知られているが，それ以外にも，様々な植物や動物と寄生，共生などの関係を結び，森の再生や多様性にも大きな影響を与えている．しかし，菌類は，菌糸の状態で土壌中や生物体内に生息しているために観察が難しく，例え観察できたとしても，菌糸のみでは種類を見分けることが困難であった．胞子を作るための子実体（いわゆるキノコ）を形成して，初めて種類を区別することが出来るが，その状態はごく一時的なもので，すぐに変化してしまい，生態学的な研究は進展しなかった．しかし，近年では，菌糸から直接，DNAを採取して解析し，分子レベルで種類を区別出来るようになり，多くの知見が得られるようになった．

　ブナ科の植物にとっても，菌類はとても重要な存在で，その生育や分布，多様性に大きな影響を与えている．ここでは，特に，堅果や実生の段階に焦点を絞って，ブナ科植物と菌類の関係を見て行こう．

1 病原菌

　林の下で芽生えたばかりの実生を観察していると，萎れて黒くなり，そのまま立枯れていくことがよく観察される．光不足や乾燥に加えて，実生に菌類が感染して枯死する菌害が原因であると考えられている．実生の枯死は，森林の再生に大きく影響する．林業的にも重要な問題なので，特に有用樹種については多くの研究がある．ここでは，ブナなど日本の樹種について行われた研究を紹介しよう．

　ブナの実生に感染して枯死させる菌類として，コレトトリカム・デマチウム *Colletotrichum dematium* が知られている（佐橋 1998）．この菌は，林床のリターの中に潜んでおり，芽生えたばかりの，まだ柔弱な実生に感染して枯死させる．感染は，芽生えたばかりの実生に限られる．成長して，丈夫な樹皮や抗菌性物質を持つようになると，感染しなくなるという．枯死したブナの実生からは，この他にも，キリンドロカルポン・デストラクタンス *Cylindrocarpon destructans* やフザリウム属 *Fusarium* の菌が分離される．これらの菌も，枯死原因になると考えられている．キリンドロカルポン・デストラクタンスは，地中海沿岸に生育するコナラ属の実生に感染して枯死させることも知られている（Sánchez et al. 2002）．

　芽生える前のブナの堅果に感染して腐敗させる菌類も知られている．春先，林床に落ちているブナの腐敗した堅果から，テンサイ根腐れ病菌 *Rhizoctonia solani* と，キリンドロカルポン・マグヌシアヌム *Cylindrocarpon magnusianum* が検出されている（市原ほか 2005）．

両種は，培地上では0℃付近でも成長が見られたことから，野外でも，積雪下でも活動できるのではないかと推定されている．

また，コナラ属の堅果に感染する菌類としては，コナラとミズナラの堅果にドングリキンカクキン *Ciboria batschiana* が感染して壊死させることがわかっている（市原ほか 2010）．本種は，秋のうちに堅果内の子葉に感染して病斑を作り，冬〜春の間に子葉全体に広がって壊死させ，偽菌核と呼ばれる状態になる．そして，秋には偽菌核から子嚢盤を形成して再び胞子を散布し，熟して散布された堅果に感染するという生活史を持っている．本種でも，菌糸は0℃付近で成長可能なことが確認されている．また，ヨーロッパでは，本種はコナラ属以外にクリ属の堅果にも感染するという (Sieber et al. 2007)．

一方，堅果ではなく，落下した殻斗に発生する菌類も知られている．ブナでは，落下した殻斗に，ウスキブナノミタケ，ヒナノチャワンタケ，ホソツクシタケ，ブナノホソツクシタケ，キツネノワンタケ，カノツメタケなどが発生することが知られている（佐藤 1991）．これらの菌は，殻斗の分解に寄与するが，堅果や実生の生存に影響するわけではなく，病原菌とは言えない．森の再生には，あまり影響しないと考えられる．

最後に，近年，問題になっているカシノナガキクイムシによるブナ科植物の枯死も，この昆虫によって媒介される菌類の1種ラファエレア・クエルキボラ *Raffaelea quercivora* が直接的な枯死原因と考えられている（小林・上田 2005）．カシノナガキクイムシは樹木の幹に穿入して，細長い孔道を掘り，共生菌を孔道表面に植え付けて産卵する．雌および一部の雄は，前胸部に5–10個の円孔（菌

嚢）を持つのが特徴である．この中には菌が入っている．孵化した幼虫は，孔道内で増殖したこの菌を摂食して成長する．

カシノナガキクイムシによって樹木が枯死に至る過程は，次のように考えられている．広葉樹は，昆虫の穿入によって，幹の辺材部が傷つくと，その周辺でフェノール類などの二次代謝産物が増えて材が変色し，柔細胞が壊死して，部分的に通水機能を失う．これは，植物が示す1種の防御機能であるが，カシノナガキクイムシは，1本の幹に多くの個体が集中して穿入することがあり，このため幹全体の通水機能が失われて，樹木が枯死に至る．大木ほど，カシノナガキクイムシが多数，侵入して枯死する確率が高いため，森林や大木の保全上，脅威となっている．

2 菌根菌

植物の根の中に菌糸が入り込んで，菌根と呼ばれる独特の組織を作り，互いに水分や物質をやり取りしている菌を菌根菌と呼ぶ．菌根を介して，植物と菌類は共生関係にあると考えられる．菌根菌と植物が共生している森の中で，新たな植物体に菌根が形成されるのは，主に，胞子ではなく，根が土壌中の菌糸に接することによると考えられている．菌根菌は，形成される菌根の構造によって，以下のようなタイプに分けられている（小川 1992；奈良 1998a）．

アーバスキュラー菌根（VA 菌根） 根の皮層細胞の中に入り込んだ菌糸が，嚢状体（ベシクル vesicle）や樹枝状体（アーバスキュル

arbuscule）と呼ばれる特殊な構造を作る．宿主となる植物はコケ植物やシダ植物から様々な種子植物まで極めて広範囲にわたり，陸上植物の9割に及ぶとも言われている．一方，アーバスキュラー菌根を作る菌類は，接合菌類の中の3科150種ほどに限られる．すなわち，アーバスキュラー菌根は，宿主を選ばず，様々な植物に感染して菌根を作るものが多い．植物は，菌根を介して，土壌中の栄養塩，特にリンを効率よく吸収することが可能となり，成長が促進される．

外生菌根（外菌根） 菌鞘を作って，根の先端を外側からすっぽりと被うとともに，一部の菌糸は，根の中で皮層細胞の中には入らず，その外側を包み込むハルティヒネットと呼ばれる構造を作るのが特徴である．感染する植物は，特定の科の植物に限られる．具体的にはマツ科，ヒノキ科の一部，ブナ科，カバノキ科，ヤナギ科，マメ科ジャケツイバラ亜科，フタバガキ科，フトモモ科の大部分（ユーカリなど），ナンキョクブナ科などである．外生菌根を作る植物の種数は約6000種と推定されており，約25万種あるといわれる種子植物全体からみると，ごく一部の植物である．一方，外生菌根を作る菌類の大部分は**担子菌**と**子嚢菌**，いわゆるキノコの仲間で，イグチ科，オニイグチ科，ベニタケ科，フウセンタケ科，キシメジ科，オウギタケ科などが含まれ，種数は非常に多く，最近の研究では162属，2万〜2万5千種になると言われている（Tedersoo et al. 2010）．外生菌根菌が感染する植物は，比較的，少数の科に限られるが，科内では，多くの種が菌根菌を共有していると考えられている（後述）．また，例えばマツ科とブナ科など，科を越えて菌根菌を共有することもある．機能的には，アーバス

キュラー菌根同様，植物は土壌中からの養分や水分の吸収が促進されると考えられている．

内外生菌根 一見，外生菌根に似ているが，一部の菌糸は細胞内まで侵入するのが特徴である．一部の針葉樹で見られ，菌類も，子嚢菌の一部に限られる．

エリコイド菌根 ツツジ科（エパクリス科やガンコウラン科を含む）の根に，子嚢菌によって形成される．非常に細いのが特徴で，植物は，菌によって分解されたリンやチッソなどを吸収することが可能となる．

アーブトイド菌根 ツツジ科の一部の属の植物で見られる．担子菌によって形成され，外生菌根に似た構造を持つ．

モノトロポイド菌根 広義のツツジ科に含まれるギンリョウソウ科やシャクジョウソウ科の根に見られる．これらの科の植物は腐生植物と呼ばれ，葉緑体を持たず，菌類との共生によって栄養を得ている．一部の外生菌根菌が形成する．

ラン菌根 ラン科の植物の根に見られる．担子菌によって形成される．全てのラン科植物の種子は微小で貯蔵養分をほとんど持たないため，少なくとも発芽後，一定期間は，菌との共生によって栄養を得る必要がある．ラン科植物には，ムヨウランなど腐生植物が多数，見られるが，これらのランは一生を通じて菌から栄養を得ている．

以上の菌根菌のうち，ブナ科植物の根に形成されるのはアーバスキュラー菌根と外生菌根で，特に後者が生態的に重要であるので，少し詳しく紹介しよう．

3 外生菌根菌とブナ科植物の共生

 ブナ科の植物は外生菌根を形成して菌類と共生している．菌類から植物へは，菌類が土壌中から吸収したチッソやリンなどの栄養塩が供給され，植物から菌類へは，植物が光合成によって生産した炭水化物の一部が供給されていることがわかっている（図7-1）．植物は栄養塩の供給によって成長が促進され，さらに病原菌への耐性も高まると考えられている．

 外生菌根菌は，植物の水分吸収を促進することも知られている．その理由は十分にわかっていないが，菌糸が吸い上げた水が根に移動することに加え，栄養塩の供給によって光合成が促進される結果，水の吸収が良くなると考えられている（Lehto and Zwiazek 2011）．

 日本産のブナ科では，アラカシ，ウラジロガシ，コジイの3種の実生に2種類の外生菌根菌，ツチグリとニセショウロの菌糸を接種して育て，接種しなかった実生と比べたところ，いずれの種においても，接種した実生で成長が促進されたことが報告されている（Kayama and Yamanaka 2014）．特に，ツチグリを接種した実生の成長が良好で，一方，接種しなかった実生は，あまり成長しなかった．また，コナラの実生に4種の外生菌根菌（コツブタケ，ニセショウロ，ウラムラサキ，ツチグリ）を接種したところ，光合成速度や根の呼吸速度が増加し，窒素の吸収量，葉面積，根長も増加したことが確認されている（Makita et al. 2012）．

 中国に自生するシイ属のカスタノプシス・フィッサ *Castanopsis*

図7-1 ●菌根ネットワークの模式．薄い灰色の範囲は，母樹と共生する菌根菌の菌糸の分布範囲を示す．菌糸の分布範囲内にある実生には，菌根ネットワークを介してリンや窒素，炭水化物が供給され，実生の成長は良好である．同じ科の別種の実生（暗色の葉の実生）も，菌根を介して，恩恵を受けることが出来る．一方，菌糸の範囲外にある実生は，十分に成長することが難しく，成長の速い他種（三角形の葉の実生）との競争に弱い．

fissa でも，外生菌根菌の接種によって，実生の成長が促進されることが報告されている（Tam and Griffiths 1994）．この種は，シイ属としては例外的に成長の速い種で，二次林中の23年生の個体で樹高22m，幹回り300cmに達するとされている．菌根との共生が，大きな初期成長を可能にしているのかもしれない．

4 菌根ネットワーク

　森の中では，菌糸を介して複数の植物がつながり，ネットワークを作って物質のやり取りをしていることもわかってきた（図7-1）．親木の下に芽生えた実生には，菌糸を介して，親木から物質が供給されていると推定されている（奈良 1998b）．

　外生菌根菌は，1種だけでなく複数種の植物の根とつながっていることも多いと考えられている．したがって，菌根ネットワークには，同所的に生育している複数種の樹木が含まれる場合が多いと想定される．

　Ishida et al.（2006）は，温帯性の針広混交林において，3科6属8種（マツ科：ウラジロモミ，ツガ；カバノキ科：ミズメ，ウダイカンバ，クマシデ；ブナ科：ブナ，イヌブナ，ミズナラ）の樹木の根から外生菌根菌を採取し，樹種と森林の遷移段階による菌根菌の違いを調べた．合計205種の外生菌根菌が検出され，19種は全ての科に共通，42種は2つの科に共通していた（図7-2）．14種は1つの科から，130種は1つの属から見出された．つまり，三分の一以上の外生菌根菌は，樹木の科間および科内で共有されていた．一方，同属か同種にしか感染しない菌根菌も多くあると推定され，樹木の多様性と外生菌根菌の多様性は相互依存的関係にあると考えられた．

　森林の優占種と外生菌根菌との関係も調べられている．北米西部の針広混交林，具体的には，上層でマツ科のアメリカトガサワラ *Pseudotsuga menziesii* が優占し，下層でブナ科のノトリトカルプス・

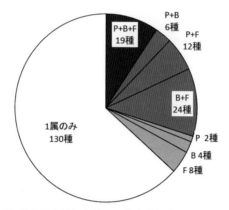

図7-2 ●温帯性針広混交林における，外生菌根菌の宿主特異性．Ishida et al. (2006) に基づく．アルファベットは調査対象とした樹木の科を示す．P：マツ科（ウラジロモミ，ツガ）；B：カバノキ科（ミズメ，ウダイカンバ，クマシデ）；F：ブナ科（ブナ，イヌブナ，ミズナラ）．

デンシフローラス *Notholithocarpus densiflorus* が優占する森林で，それぞれの根を採取して，共生している外生菌根菌を調べたところ，全体で56種の菌が検出され，そのうち17種はトガサワラ属とノトリトカルプス属に共通していた（Kennedy et al. 2003）．このことから，上記の2種が，階層を違えて優占することの背景には，両種をつなぐ菌根ネットワークの存在が示唆されるとしている．

以上のように，森林の地下には多数の外生菌根菌が存在することが，様々な森林で明らかにされつつある．菌根を介して地上の樹木との間に複雑なネットワークを形成していると考えられる．さらに，これらの菌類は，森林内に一様に分布するわけではなく，地形や土壌条件，宿主となる植物の分布に対応して，種によって分布が異なっていることも調べられている．Tujino et al. (2009) は，

屋久島の常緑広葉樹林で，既定のルート沿いに出現した子実体を採集する方法で，地形に対応した菌類相の違いを明らかにしている．外生菌根菌の分布密度は，谷よりも尾根で高く，一方，**腐生菌**の分布は逆の傾向を示した．また，落葉広葉樹林でも，中国北部に分布するコナラ属の1種リョウトウナラ *Quercus liaotungensis* の林で，樹木の根に付いた菌類のDNAを調べる方法で，地形に対応した菌類相の違いが調べられている（Zhang et al. 2013）．135種の菌根菌が検出され，菌類相は，斜面方位や傾斜，土壌のC/N比と有意に相関が認められた．さらに，熱帯のフタバガキ林でも，樹木に付いた菌根菌のDNAを調べる方法で，菌根菌の多様性と分布が調べられている（Peay et al. 2010）．146種の菌類が見出され，菌類相は，科レベルでは温帯林と似ていることが確認された．さらに，土壌条件（砂質土壌と粘土質土壌）により，異なった菌類相が見られた．

5 樹木の実生再生と菌類

　森林の再生過程に注目し，森林内の樹木の多様性を説明するために考え出された仮説として，有名なJantzen-Connell仮説がある（Jantzen1970；Connell1971）．この仮説では，散布された種子が発芽し，実生として生き残る数を，（1）親木からの距離と散布される種子の数（密度），（2）親木からの距離と種子や実生の生存率，という2つの関係の組み合わせで考える（図7-3）．種子は親木に近いほど多く散布され，親木から離れるほど減少していくと考えら

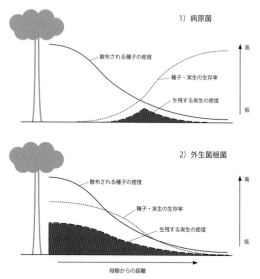

図 7-3 ●病原菌と外生菌根菌による樹木の更新適地の違い．母樹からの距離に伴う値の変化を示す．病原菌の場合は Jantzen-Coonell 仮説が予測するように，母樹から少し離れた場所が更新適地となるが，外生菌根菌の場合は母樹の下が更新適地となる．

れる．一方，親木の近くでは，捕食者となる哺乳類や昆虫，および病原菌の密度が高いため，実生の生存率は低い．2つの関係を組み合わせると，結果的に，生き残る実生の密度は，親木から中程度の距離の場所で最も高くなると予測される．このため，樹木が再生する場所は，親木の近傍では無く，少し離れた場所になり，様々な樹木が空間的に共存することが可能になるだろうというものである．この仮説は，元々，熱帯林が示す高い多様性を説明するために提案されたものであるが，その後，他のタイプの森林で

も確認され，一般的な現象と考えられている．

ところが，Jantzen-Connell仮説では，菌類については植物を枯死させる病原菌のみが想定されており，共生関係にある菌根菌は考慮されていない．共生関係にある菌根菌の菌糸は，親木の近くで多いことが予想され，したがって，親木に近い場所ほど，種子や実生の生存率が高くなる可能性がある．つまり，Jantzen-Connell仮説の予測とは異なる結果が予想される（図7-3）．

このことを検証する研究が，南米ガイアナの，マメ科ジャケツイバラ亜科の1種（ディキンベ・コリンボサ *Dicymbe corymbosa*）が優占する熱帯林で行われた（Maguire 2007）．この種は，多様な樹木が混生する熱帯林の中に，高密度のパッチを作って優占している．この種は外生菌根を作るが，他の樹木の大部分（98％）はアーバスキュラー菌根しか作らない．つまり，菌根菌群集から見ると，アーバスキュラー菌根菌群集の海の中に，外生菌根菌群集が島状に分布していることになる．野外でのモニタリング調査から，この種の実生は，パッチから離れるほど密度や樹高成長，生存率が低下することが明らかとなった．さらに，実験的にも，種子から発芽させた実生の根を，菌根が入り込めないよう目の細かいネットで被って育てると，被わない場合に比べて成長が低下し，死亡率が高まることが確認された．したがって，この種では，菌根との共生によって，Jantzen-Connell仮説の予測とは異なる結果がもたらされていることがわかった．

ブナ科の植物でもこれとよく似た現象が確認されている．Dickie and Reich（2005）は，北米のナラ林に接する草地（イネ科の植物が優占する農耕地由来の草地）で，ナラの1種（クエルクス・

マクロカルパ Quercus macrocarpa）の実生を林縁から草地中央に向かって列状に植栽し，根に感染した菌根菌を調べることで，林縁からの距離に応じた外生菌根菌の分布を調べた．ナラと異なり，草地の植物のほとんどは外生菌根を形成しないので，菌根菌の密度は林から離れるにつれて減少することが予測される．実際，林縁から離れるほど，外生菌根菌の量が減少し，さらに，種数も減少し，種組成も変化していくことが確認された．したがって，外生菌根菌との共生によって，林縁に近い場所の実生ほど，成長や生存率が高まることが予測され，さらに林縁からの距離によって異なる菌根菌が共生に関与していることも示唆された．別の植栽実験によって，林縁に近い場所の実生ほど，成長が良く，生存率が高いことが確認されている（Dickie et al. 2007）．

また，深沢ほか（2013）は，上記のような菌根菌群集と実生再生との関係が，林縁など森林境界からの距離に伴ってどのように変化するかレビューしている．全体的に，10m前後離れると菌根菌群集が急激に変化する事例が多いことを指摘し，森林を構成する樹木の根圏の及ぶ範囲を境として，関係が変化するのだろうと述べている．

ただし，外生菌根の影響が林縁あるいは樹木からの距離によって，上記のように変化するとしても，実生の生育に影響する要因は，この他に病原菌，上層の光環境や，根圏や地上部での他の植物との競争，土壌の水分条件や栄養塩量など多々あり，実際には，これらの影響の総和として，実生の成長や生存が決定されているはずである．上記の北米のナラ林では，特に，草本種との競争が大きく影響することがわかっている（Dickie et al. 2007）．さらに

Dickie et al. (2005) は，上層木による，菌根を介した実生成長の促進と，被陰による実生成長の抑制という，相反する2つの影響を考慮して，実生成長量の空間分布をモデル的に予測した．その結果，菌根菌によって成長が促進される空間の中に，上層木密度が高いことによる被陰効果と，上層木から遠いために菌根菌による促進効果が得られないことによって，実生の成長が悪い部分がパッチ状に生じて，モザイクとなることを明らかにした．これは，実際のナラ林の景観や，そこでの，実生の再生の状況とよく一致するとしている．

ところで，どんぐりは，げっ歯類によって母樹から離れた場所に運ばれ，分散貯蔵されるのが特徴である（第VI章参照）．外生菌根との関連から見て，母樹から離れることは実生の生存上，不利にならないのだろうか．この点に関して，興味深い事実が知られている．北米のナラ（クエルクス・ガリアナ *Quercus garryana*）の林において，土壌とげっ歯類の糞の中にある，外生菌根菌の胞子を調べたところ，げっ歯類は，糞をすることによって，母樹から35mの距離まで菌の胞子を運んでいることが確認された（Frank et al. 2009）．一般に，母樹の根圏は半径10m前後と想定されるので，げっ歯類は，これより広範囲に胞子を散布し，植物だけでなく菌の分布拡大に寄与していることになる．

6 植生における"科の優占"と菌類

外生菌根を作る植物は少数の科に限られるが，これらの科の植

物は，いずれも森林の優占種となることが多く，植生学的にも極めて重要な科である．具体的には，(1) マツ科，(2) ブナ科，(3) フタバガキ科，(4) フトモモ科ユーカリ属，(5) ナンキョクブナ科で，そのまま，北半球の (1) 寒帯・亜寒帯針葉樹林，(2) 冷温帯・暖温帯・亜熱帯林，(3) 熱帯林（東南アジア），南半球の (4) 熱帯・亜熱帯林（オセアニア）と (5) 温帯林において，最も優占的な科の並びと一致する．マツ科は約 250 種，ブナ科は約 1000 種，フタバガキ科は約 500 種，ユーカリ属は約 700 種，ナンキョクブナ科は 35 種があって，多様な種が分布域内で共存している．熱帯雨林研究の嚆矢，リチャーズは，著書「Tropical Rain Forest」(Richards 1952) の中で，早くも，このような現象を"科の優占 family dominance"と呼び，研究の必要性を指摘している．

"科の優占"が生じる理由は，まだよく解らないが，優占する科が全て外生菌根を作ることから見て，外生菌根菌との共生が背景にあると考えられる．Malloch et al. (1980) は，外生菌根を作る植物が，アーバスキュラー菌根を作る植物よりも環境ストレスに耐性があると考え，中生代白亜紀以降，植物群が何回かさらされてきた環境ストレスの厳しい期間に，アーバスキュラー菌根を作る植物を駆逐して広がったのではないかと考えた．外生菌根による共生が複数回，進化したという仮説は，菌類の分子系統学的研究によっても支持されている．Hibbett et al. (2000) は，外生菌根による共生関係は，担子菌類の 6 つの系統群において独立に進化し，また，再び外生菌根を作らなくなる，逆方向の進化も起きたと推定している．さらに，最近の研究では，外生菌根菌は，落葉を分解する腐生菌から進化したもので，66 個もの系統群におい

て独立に生じたと推定されている（Tedersoo 2010）．

　外生菌根を作る植物がアーバスキュラー菌根を作る植物を駆逐するメカニズムは，両者の競争関係から説明することが可能である（Connell and Lowman 1989）．まず，アーバスキュラー菌根は，ほとんどすべての科に見られるので，科間の競争にあまり影響しない．このため多様な科の植物が共存する森が維持されやすい．例えば，外生菌根菌が少なく，科レベルの多様性が高い南米の熱帯雨林がこれに相当する．一方，外生菌根を形成する樹木が生育していると，同じ科の植物は，外生菌根菌を共有することが多く，菌根を形成することが出来るので，その樹木の周囲において，他の科の植物よりも競争上，優位に立てる（図7-1）．このため，樹木の周囲には，しだいに同じ科の植物が増え，森は単独の科が優占する森に変化していくと考えられる．例えば，フタバガキ科が優占する東南アジアの熱帯林がこれに相当する．

　外生菌根を形成する植物の中で系統的に最も古いのはマツ科の植物で，その起源は中生代ジュラ紀以前に遡るが，多様化が進んだのは，新第三紀になって地球の寒冷化が急速に進んでからと推定されている（西田 2017）．すなわち，ブナ科，カバノキ科など他の外生菌根性の植物が多様化した時期と重なる．最も古い外生菌根の化石は，北米の古第三紀始新世の地層（5千万年前）から発見されたもので，マツと考えられる植物の根に付いていた（LePage et al. 1997）．また，外生菌根菌の多様性は，生物地理学的には全北区（北半球の寒帯・温帯地域にほぼ相当する）で最も高く（Tedersoo 2010），この地域はマツ科のほかブナ科，カバノキ科といった，宿主となる植物群の多様性が高い地域である．これらの

ことから，外生菌根を作る性質は，新第三紀に気候が寒冷化する中で，北半球の寒帯・温帯域において進化したと考えられている (Malloch et al. 1980).

一方，東南アジアの熱帯林を特徴づけているフタバガキ科の植物について，生物地理学的な解析から，その起源はゴンドワナ大陸に遡るが，現在のような多様化が進んだのは，インド亜大陸の北上に伴って，この植物が東南アジア地域に移動してきてからと考えられている (Ashton 2014). このことから，フタバガキ科の植物における外生菌根性の進化も比較的，新しく，東南アジアに移動後，ブナ科などの外生菌根菌と接してからと考えられてきた (Malloch et al. 1980；小川 1992). ところが，その後，南アメリカにごく少数（2種）が分布するフタバガキ科のうちの1種であるパカライマエア・ディプテロカルパケア *Pakaraimaea dipterocarpacea* も，外生菌根を形成することが発見され，この科における外生菌根性の起源は，大西洋によって南米大陸とアフリカ大陸が隔てられる以前（1億3500万年前）のゴンドワナ大陸にまで遡るのではないかという仮説が提出されている (Moyersoen 2006). もし，この説が正しければ，外生菌根性の起源は，被子植物の起源に近い白亜紀初期にまで遡ることになる．しかし，この説について，Alexander (2006) は，長距離散布によって現在のフタバガキ科の隔離分布が形成された可能性，および外生菌根菌の系統進化過程について，さらに検討が必要であると述べている．まだ，決着はついていないようである．

第Ⅷ章 | *Chapter VIII*

ブナ科植物の分布と植生
－特に熱帯山地について－

　ブナ科植物の分布域は北半球を中心に広大であり，出現する植生も極めて多岐にわたる．ほとんどが高木で，森林の林冠を形成して生態系の骨格を作る点からも，生態的に極めて重要である．したがって，その植生について詳述すると膨大なものとなり，本書の範疇を越えてしまう．本章では，まず，ブナ科植物が出現する世界の植生について概観した後，特に熱帯山地に焦点をあてて，ブナ科植物の分布と植生について紹介する．熱帯山地林にはブナ科やクスノキ科の樹木が多く出現し，湿潤な亜熱帯・暖温帯域の常緑広葉樹林，いわゆる照葉樹林の母体となった森林とも言われる．しかし，アジアに限ってみても，地域による違いも大きく，研究もいまだに不十分で，植生学的に未整理な部分が多い．本章では，特に，東南アジアの熱帯におけるブナ科植物の垂直分布と植生との関係について，タイやマレーシアでの私自身の研究を中心に紹介したい．

1 ブナ科植物と植生群系

　ブナ科の植物が出現する植生型（群系）を，北からおおまかに列挙すれば，寒温帯針広混交林，冷温帯夏緑広葉樹林，温帯針葉樹林，暖温帯・亜熱帯常緑広葉樹林（照葉樹林），硬葉樹林，熱帯低地林，熱帯山地林ということになろう．地域をヨーロッパ，アジア，北米東部，北米西部に大別して，地域ごとに植生型とブナ科の属との関係を整理すると表8-1のようになる．属や種の多様性はアジアで最も高いが，ここでは植生型としても，北は寒温帯の針広混交林から熱帯低地林，熱帯山地林まで，最も多くの植生型に出現することがわかる．これに対しユーラシア大陸西部(アフリカ大陸北部を含む)では，暖温帯以南の地域は気候的に乾燥地域となっており，多くの植生型自体を欠いている．以下に各植生型について概観する．

（1） 寒温帯針広混交林

　寒温帯の針広混交林では，コナラ属の夏緑広葉樹が，マツ科の針葉樹（マツ属，トウヒ属，モミ属，カラマツ属など）やヤナギ科，カバノキ科カバノキ属，シナノキ科シナノキ属，モクセイ科トネリコ属などの夏緑広葉樹と混交して森林を構成している．北アメリカ大陸西部では夏緑広葉樹林帯自体を欠くためにこの植生型は見られない（Barbour and Billings 1988）．混交するブナ科の種は限られ，ユーラシア大陸西部では，ヨーロッパナラ（*Quercus robur*），ユー

表8-1 ●ブナ科各属の植物が出現する様々な植生型．Q，コナラ亜属；C，アカガシ亜属．＊：メキシコのみ．＊＊：フロリダ半島のみ．

	ユーラシア大陸 (アフリカ大陸北部を含む)		アメリカ大陸	
	西部（ヨーロッパ・中近東）	東部（東アジア・東南アジア）	西部	東部
寒温帯針広混交林	コナラ属 (Q)	コナラ属 (Q)	—	コナラ属 (Q)
冷温帯夏緑広葉樹林	コナラ属 (Q)，ブナ属，クリ属	コナラ属 (Q)，ブナ属，クリ属	—	コナラ属 (Q)，ブナ属，クリ属
温帯針葉樹林	—	コナラ属 (Q, C)	コナラ属 (Q)，トゲガシ属，ノトリトカルプス属	—
照葉樹林（夏雨地域の暖温帯・亜熱帯常緑広葉樹林）	—	コナラ属 (Q, C)，マテバシイ属，シイ属，ブナ属，クリ属		コナラ属 (Q)，ブナ属＊，クリ属＊＊
硬葉樹林（冬雨地域の暖温帯・亜熱帯常緑広葉樹林）	コナラ属 (Q)	—		コナラ属 (Q)
熱帯低地林	—	コナラ属 (C)，マテバシイ属，シイ属	ブナ科を欠く	
熱帯山地林	—	コナラ属 (C)，マテバシイ属，シイ属，カクミガシ属（広義）	コナラ属 (Q)，カクミガシ属（広義）	

ラシア大陸東部ではモンゴリナラやカシワ (Menitsky 2005)，北アメリカ大陸東部ではアカナラ *Q. rubra* やクエルクス・アルバ *Q. alba*，クエルクス・マクロカルパ *Q. macrocarpa* などである (Braun 1950)．

（2） 冷温帯夏緑広葉樹林

冷温帯夏緑広葉樹林の最も主要な優占種は，ユーラシア大陸西部，同東部，北アメリカ大陸東部のいずれの地域においても，コ

ナラ属およびブナ属の種である．すなわち，ブナ林とナラ林は，ともに北半球の冷温帯夏緑広葉樹林を代表する森林といえる．世界的に見たブナ林とナラ林については，以前にまとめたことがある（原 1995）．

上記の 3 地域の森林は，ブナ科以外にも極めて多数の共通する植物群を持つことで知られている（堀田 1974）．共通性の高いこれらの植物群は，第三紀周北極植物群と呼ばれ，古第三紀に北極の周辺にまとまって分布していた植物群が，その後の気候の寒冷化に伴って南下し，植物相を基本的に変化させないまま 3 地域に分かれたと考えられていた．しかし，古植物学や分子系統学が進んだ結果，単純な説明は否定され，共通した植物相は，陸橋を介した大陸間の植物移動や，海洋を挟んだ長距離散布による侵入などを伴う複雑な過程を経て形成されたと考えられている（高橋 2006）．

ブナ属とコナラ属を比べると，ブナ属は種数こそ少ないものの，降水量や土壌に恵まれた中性立地に，優占林を広範囲にわたって形成するのが特徴である．ヨーロッパではヨーロッパブナとオリエントブナが，日本ではブナが優占林を形成している．北米東部では，アメリカブナが優占する（サトウカエデとの混交林）のは冷温帯北部に限られるが，冷温帯南部においても，多様な樹種が混交する混交中生林（Mixed mesophytic forest）の最も主要な構成種である（Delcourt and Delcourt 1988）．また，ブナ属は湿潤な海洋性気候を好み，乾燥の厳しい大陸内部には分布しないことも特徴である．

クリ属は，ブナ属と同程度の種数を持ち，夏緑広葉樹林帯の南

部から照葉樹林帯および硬葉樹林帯の北部にかけて広範囲に自生する．また果実を採取するために広く植栽されており，本来の分布域がはっきりしなくなっている．しかし，自然の状態で，ブナやナラのように優占林を形成することは比較的，少ない．

　一方，コナラ属は，ブナ属やクリ属と比べると，各地域ではるかに高い種多様性を持ち，湿潤な沿海部から乾燥した内陸部まで，地理的に広い範囲に分布することが特徴である．ヨーロッパ東部および北米内陸部において，森林から草原への移行帯で，森林ステップと呼ばれる疎林を形成しているのもコナラ属である．また，生育立地の面からも，さまざまな条件に適応した種が分化し，多様な植生型に出現する．北米東部の夏緑広葉樹林帯では，森林の80％以上で優占種として出現する（Delcourt and Delcourt 1988）．このように広範囲に出現する一因として，乾燥に対する生理学的な耐性が高く，乾燥地にも分布出来ることがあげられる．樹皮が厚く，山火事に対する耐性が高い種も多い．さらに，萌芽性も高い種が多いので，人為的な伐採にも強く二次林の優占種となることが多い．

（3）　温帯針葉樹林

　アジアの一部および北アメリカ大陸西部の冷温帯域では，夏緑広葉樹林ではなく温帯性の針葉樹が優占林を形成している．アジアでは，針葉樹はマツ科のツガ属やトガサワラ属，ヒノキ科のヒノキ属やスギ属に属する遺存的な種類が多い．混交するブナ科はコナラ属の常緑広葉樹である（図8-1）．北米でも，マツ科のツガ

図8-1 ツガ・ドゥモーサ *Tsuga dumosa* とクエルクス・セメカルピフォリア *Q. semecarpifolia* の混交林．ブータン．

属やトガサワラ属，ヒノキ科のセコイア属などが形成する森林の下層に，コナラ属に加え，トゲガシ属やノトリトカルプス属が混交する（Franklin and Halpern 1988）．トゲガシ属やノトリトカルプス属は，上記の遺存的な針葉樹とともに，世界中でここだけに生き残ってきた遺存固有種と考えられている（Manos et al. 2008）．ここには，コナラ属の中でも系統的に古く，遺存的な種類と考えられるクエルクス・サドゥレリアナ *Q. sadleriana*（Denk and Grimm 2010）も分布する．この種は低木で，地下茎によって拡がり叢生する特異なナラである．

(4) 暖温帯・亜熱帯常緑広葉樹林（照葉樹林）

　暖温帯・亜熱帯常緑広葉樹林，すなわち照葉樹林は，ブナ科やクスノキ科の常緑広葉樹が優占する森林で，アジアでは日本列島南部〜中国，ヒマラヤにかけての広大な地域を占めている．一方，アメリカ大陸では，北米東部のフロリダ半島と中米メキシコの山地に，これに相当する植生が残されているだけである．世界各地の照葉樹林の構造や種組成の特徴については，以前，まとめたことがある（原1997）．

　ブナ科のフロラという点から見ると，アジアの照葉樹林で特徴的なことはコナラ属（コナラ属とアカガシ亜属）の常緑広葉樹に加え，シイ属とマテバシイ属の種が多数，出現することである（第Ⅱ章参照）．このため，種の多様性が高く，植生の種組成も多様である．また，中国やメキシコでは，ブナ属が，夏緑広葉樹林帯ではなく，照葉樹林帯の一部に局所的な植生として出現することも特徴的である．

　中国のブナ科について，省ごとの種多様性を比較すると，南ほど高く，また，東西方向では西ほど高い傾向が明瞭である（図8-2）．最も種多様性のたかいのは雲南省で178種，次いで広西チュワン族自治区128種，広東省104種の順となっている．南北方向の変化は気温の変化を反映し，温暖であるほど多様性が高くなっていると考えられるが，一方，東西方向での変化の原因は，単に気候では説明できないように思われる．雲南省，四川省など中国の南西部は，チベット高地やヒマラヤ山脈の東側の山脚部にあたる広大な山地で，標高が高く，地形も複雑である．さらに，地質

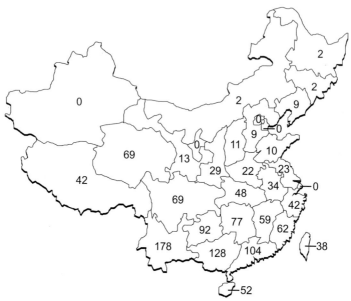

図8-2 ●中国各省のブナ科植物の種数.データはFlora of China vol.4 (Huang et al. 1999) に基づく.数字は各省ごとのブナ科植物の種数.

的にも,移動してきた複数の小さなプレートが組み合わさって構成されており,地史的な時間スケールで様々な植物相の交流があったと考えられている.東西方向での種多様性の変化は,これらの要因が複合してもたらされているのだろう.

中国で種多様性の最も高い雲南省では,暖温帯・亜熱帯常緑広葉樹林は,(1)季風常緑広葉林 Monsoonal evergreen broad-leaved forest, (2) 中山湿性常緑広葉林 Mid-montane humid evergreen broad-leaved forest, (3) 半湿潤常緑広葉林 Semi-humid evergreen broad-leaved forest の 3 タイプに分類されている（雲南植被編写組 1987；Li and Walker 1986；金 2005 など）．（1）は，雲南省南部の海抜 1100–1500m の地域，すなわち，気温的に最も温暖で明瞭な乾季のある地域に分布する．（2）は，雲南省の中・南部，シーサンバンナよりは北側の山地（哀牢山地や無量山地など）の**雲霧帯**に分布する．（3）は，最も北側の地域，すなわち雲貴高原を中心とした，やや冷涼で降水量も少ない地域に分布する．いずれもの森林も，林冠部にブナ科およびクスノキ科に属する様々な樹木が見られ，種組成は極めて複雑である．（1）季風常緑広葉林の上層で優占するブナ科の樹木は，シイ属のカスタノプシス・ヒストリックス *Castanopsis hystrix*, カスタノプシス・インディカ *C. indica*, カスタノプシス・トリブロイデス *C. tribuloides*, カスタノプシス・フロイリー *C. fleuryi* やマテバシイ属のリトカルプス・トランカトゥス *Lithocarpus truncatus*, リトカルプス・ミクロスペルマム *L. microspermum* などで，ツバキ科のヒメツバキ属やアネスレア属も混交することが多い．（2）中山湿性常緑広葉林の上層の優占種は山地によって異なるが，ブナ科の樹木は，特にマテバシイ属の種が多く，哀牢山地ではリトカルプス・ザイロカルプス *Lithocarpus. xylocarpus*, リトカルプス・チンドンゲンシス *L. jingdongensis* など，無量山地では，リトカルプス・エキノフォラス *L. echinophorus*, リトカルプス・ハンケイ *L. hancei* などが優占する．クスノキ科の樹木も多く，また，マンサク科のエクスブックランディア属，モクレン科のマングリエティア属など，熱帯山地を指標する遺存的な種類も多く見られる．（3）半湿潤常緑広葉林の上層でも，ブナ科の樹木カスタノプシス・オルタカンタ *Castanopsis* *orthacantha*, カスタノプシス・デラバイ *C. delavayi*, クエルクス・グラウコイデス *Quercus glaucoides*, リトカルプス・デアルバトゥス *Lithocarupus dealbatus* などが優占し，モクレン属や，タブノキ属，ヒメツバキ属もよく混交する．Tang (2015) は，3 タイプの森林の種組成的な関係を DCA 解析によって調べた．その結果，湿潤側から乾燥側に向かって，3 タイプの森林は (2) → (1) → (3) の順に配列していたが，種組成的な重複もかなり大きく，これらの森林の種組成の複雑さが示されている．

　一方，アメリカ大陸（北・中米）の暖温帯・亜熱帯常緑広葉樹林については，人為的な攪乱によって消失，変質してしまった地域が多く，また，研究も不十分で，植生的にはあまりよくわかっていない．ブナ科のフロラという面からは，シイ属やマテバシイ属を欠くので，常緑性のコナラ属だけということになる．メキシコ中・東部の湿潤山地カシ林について調べた報告では，構成種として 10 種のコナラ属の種が確認されている (Luna-Vega et al. 2006). 同じくメキシコの，年降水量 2300 ～ 5000mm 以上に達する湿潤山地では，6 種のコナラ属の種が，標高を違えて出現している (Meave et al. 2006). また，コスタリカの山地カシ林では，海抜 0 ～ 3500m の範囲で 14 種のブナ科が出現し，特に中標高域では種の多様性が高い (Kappele 2006). これらのことから，多様なコナラ属の種が環境に応じて分布し，さまざまな植生型を形成していると考えられる．コナラ属以外に，アジアの暖温帯・亜熱帯常緑広葉樹林との共通属として，フウ属，ホオノキ属，クマシデ属，アサダ属，ハイノキ属，モチノキ属，アワブキ属，エゴノキ属，ネジキ属，リョウブ属，フカノキ属，ショウベンノキ属，ボ

チョウジ属などが出現し，アジアと種組成的な類似性が高い点も興味深い．

(5) 硬葉樹林

硬葉樹林は，硬い小型の葉を持つ常緑広葉樹が優占する森林で，ヨーロッパ・アフリカの地中海沿岸〜西アジアおよび北アメリカ大陸西岸と中央アメリカのやや乾燥した地域に見られる．地中海沿岸の硬葉樹林はマキ Maquis あるいはマッキー Macchie，北米西部の広葉樹林はチャパラル Chaparral と呼ばれる．照葉樹林と比較すると，冬雨地帯に分布するため，夏が乾季となり，乾燥に適応した，小型で厚く硬い葉を持つ種が多い．また，山火事が起きやすいので，これにに対する耐性を持つ種が多い．樹高は照葉樹林と比べて低く，低木林であることが多い．ブナ科では，コナラ属の常緑樹が優占種となる．代表的な樹木として，地中海沿岸ではセイヨウヒイラギガシ *Q. ilex* やコルクガシ *Q. suber*，クエルクス・コクシフェラ *Q. coccifrra* など，北米西岸では，クエルクス・ベルベリディフォリア *Q. berberidifolia* などが挙げられる．

アジアにも硬葉樹林に相当する森林が分布する．日本のウバメガシ林も硬葉樹林のひとつに数えられるが，日本列島は湿潤なため，その分布は海岸や岩尾根などに局限される．一方，四川省や雲南省など中国西部の山地やヒマラヤでは，硬葉樹林に相当する森林が，より広範囲に分布する．ブナ科樹木の多様性も高く，植生型も多様である．Tang (2015) によれば，雲南省にはコナラ属の硬葉樹が16種あり，22の植生タイプが記録されている．植生

は大きく2つのタイプに分けられ，1番目のタイプは，温暖で乾燥する山腹斜面や乾燥谷の中に見られるもので，立地からみても地中海沿岸や北米西部の硬葉樹林と極めて良く似た植生である．2番目のタイプは，主に標高が2000m以上の高標高域に見られるもので，"高山ガシ"と呼ばれるコナラ属の硬葉樹が優占している．例えば，クエルクス・アクイフォリデス *Q. aquifolides* は海抜2000～4500mの高標高域に分布する．また，Tang（2006）は，雲南省の硬葉樹林の植生を，スペインおよびカリフォルニアの硬葉樹林の植生と比較し，樹木の生活形や群落の**相観**だけでなく，種類組成の面からも，ツツジ科やバラ科，カバノキ科，メギ科などの植物を持ち，科レベルでの共通性が高いことを報告している．

このように，硬葉樹林と暖温帯・亜熱帯常緑広葉樹林（照葉樹林）は，植生としては，成立環境や群落の相観の違いによって区別できるが，硬葉樹と照葉樹を種レベルで区別するのは，必ずしも簡単ではない．系統的に，コナラ属の中でイレックス節の種（第Ⅱ章参照）は，いずれも硬葉タイプの葉を持つが，ケリス節，アカガシ節，コナラ節，アカナラ節などの中にも硬葉タイプの葉を持つ種があり，硬葉，照葉の違いはコナラ属の種が適応放散する中で分化した1種の生活形といえる．

(6) 熱帯低地林・山地林

アジアの熱帯では，低地はフタバガキ科の樹木が優占する森林となっている．ブナ科も，密度こそフタバガキ科に劣るが低地林の構成要素で，コナラ属（主にアカガシ亜属），シイ属，マテバシ

イ属の種が出現し，種の多様性も高い．山地では，海抜1000m前後を境にフタバガキ科の樹木が欠落し，これに代わって，ブナ科の樹木が優占する森林に移り変わる．アジアの中でも，マレー半島，ボルネオ島，スマトラなどマレシア地域の熱帯山地と，タイ，ベトナムなど大陸部の熱帯山地とでは，ブナ科の種類や分布，垂直植生帯に大きな違いがある．この点については，次節で比較する．

　中央アメリカおよび南米（コロンビア）の熱帯では，ブナ科（コナラ属）の分布は，主に山地に限られる．南米コロンビアに分布し，アメリカにおけるブナ科植物の南限を作るクエルクス・フンボルティイ *Quercus humboldtii* は，アンデス山脈の海抜1100～3200m，北緯2～8°の広範囲に見られる（Pulido et al. 2006）．

2 | 南アジアの熱帯におけるブナ科植物の植物地理

　東南アジアは生物地理学的に，インドシナ，**スンダランド**，フィリピン，ウォレシアの4地域に分けられている（図8-3）．ウォレシアは，東南アジアを含む東洋区と，その東方にあるオーストラリア区との境界にあり，両区の移行帯的な性格を示す地域で，西側をウォーレス線，東側をライデッカー線（またはウェーバー線）によって区切られる．一方，スンダランドとインドシナとの植物地理学的な境界は，タイとマレーシアの国境に近い北緯6°30′付近にあり，境界付近の町の名前を取ってセタール-シンゴラ（Setar-Singora）線（van Steenis 1950），あるいはカンガール-パッタ

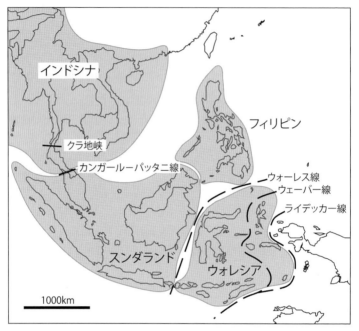

図 8-3 ●東南アジアの生物地理区分.

ニ（Kangar-Pattani）線（Whitmore 1984）と呼ばれている.

この 4 地域のうち，ブナ科の植物の種多様性はインドシナとスンダランドで高く，フィリピンやウォレシアでは低い. コナラ属はフィリピンやウォレシアには分布しない. カクミガシ属も，フィリピンには分布しない. シイ属やマテバシイ属は，ニューギニア（その東に隣接するいくつかの島を含む）まで分布するが，ウォーレス線より東側では，種の多様性が著しく低下する（Soepadmo1972）. マテバシイ属については，ニューギニアからも 9 種が知られてい

るが，そのうち7種は，ニューギニア固有種である．インドシナはフロラ的な整理が十分ではなく全体の種数を推定することは難しいが，Flora of Thailand（Phengklai 2008）では4属119種（シイ属33種，マテバシイ属56種，コナラ属29種，カクミガシ類1種）が報告されている（ただし，上記のようにタイの最南部は生物地理学的にはスンダランドに属する）．スンダランドの中では，ボルネオ島で種の多様性が最も高く，Flora of Sabah and Sarawak（Soepadmo et al. 2000）では，4属100種（シイ属21種，マテバシイ属61種，コナラ属17種，カクミガシ類1種が報告されている．

カンガール-パッタニ（Kangar-Pattani）線は，植物地理学的に非常に明瞭な境界線で，van Steenis（1950）によれば，インドシナ系200属の南限，マレシア（スンダランド）系375属の北限がここにある．熱帯を代表する樹木であるフタバガキ科でも，多くの種の分布境界がここにあることはよく知られている（Ashton 2014）．ブナ科について，フタバガキ科ほど詳細な検討は為されていないが，タイに分布するブナ科の植物のうち，マレシア熱帯との共通要素は半島部に限られる例が多く，半島部を越えてさらに北まで分布する種は限られている（Barnett1942；Cockburn 1972；Phengklai 2008）．インドシナとスンダランドにまたがって広域に分布する種は，シイ属のカスタノプシス・アクミナティッシマ *Castanopsis acuminatissima*，マテバシイ属のリトカルプス・エレガンス *Lithocarpus elegans*，リトカルプス・エンクレイサカルプス *L. encleisacarpus*，リトカルプス・ワリッチアヌス *L. wallichianus*，カクミガシ *Trigonobalanus veticillata* など比較的，少数である．

一方，鳥類や哺乳類，両生類，蝶など様々な動物群でも，マレー

半島内に生物地理学的な境界があることが知られている．ただし，同じ半島内であっても，上記のカンガールーパッタニ線よりも約500km北のクラ地峡付近（北緯10°30′）に生物地理学的な境界あるとされている（Hughes et al. 2003）．なぜ，植物と動物で境界が微妙にずれているのか，原因は明らかではないが，植物でも，カンガールーパッタニ線以北，クラ地峡以南に分布北限を持つ種もあるので（Ashton 2014），この地域は，ウォレシア同様，1種の推移帯と見なしたほうがよいのかも知れない．

いずれにしても現在，陸続きであるこの地域に，なぜ，明瞭な生物地理学的境界が存在するのか不思議で，多くの研究者の興味をひいてきた．いくつかの説明がなされている．まず，現在の気候条件から見て，この地域が南の熱帯湿潤気候から熱帯季節気候への移行帯にあたり，植生もこれに対応して大きく変化することがあげられる．すなわち，カンガールーパッタニ線以南が熱帯低地常緑林，カンガールーパッタニ線〜クラ地峡間が熱帯半常緑雨林，クラ地峡以北には，さらに乾燥した気候に対応した湿潤落葉樹林や混交落葉樹林が出現するようになる．(Whitmore1984)．また，地史的原因として，新第三紀の中新世前期〜中期（2400〜1300万年前）と鮮新世初期（550〜450万年前）の海進期に，ここには海が入り込んでいたとする見解もある（Woodruff 2003）．そのため，その両側で，現在も陸生の生物相が異なっているのではないかという指摘である．

以上のようにインドシナとスンダランドとでは，気候条件の違いに対応して生物相と植生が大きく異なり，これに対応してブナ科植物の多様性や垂直分布パターンにも違いが見られる．以下で

は，私が調査地としてきたタイ北部とボルネオ島（マレーシア）を例に，両地域の違いを，やや詳しく見てみよう．

3 タイ北部インタノン山における植生の垂直分布

インタノン山は，タイ北部，北緯19°付近に位置するタイの最高峰（海抜2565m）で，一帯は国立公園に指定され，植生がよく残されている．タイ北部はモンスーン気候下にあり，雨期（5～10月頃）と乾期（11～4月）が明瞭である．チェンマイ（海抜310m）での乾期1，2月の月別降水量は10mmに届かず，日最高気温は30℃近くになるため，乾燥が厳しい．このため，乾期には，低海抜地の森林は完全に落葉してしまう．海抜高の上昇とともに空中湿度が増し，乾期でも湿潤な気候となるため，常緑樹林が出現するようになる．すなわち，海抜の上昇に伴い，気温が低下するだけでなく，水分条件が大きく変化し，これに対応して，植生も落葉型→常緑型へと大きく移り変わることが，この山の垂直分布の特徴である（図8-4）．

海抜1000m以下で，最も広い面積をしめているのが，乾燥フタバガキ林（DDF, Dry Dipterocarpus Forest，図8-5-1，-2）である．樹高は10～20m，樹冠はやや疎開する．ディプテロカルプス・トゥベルクラタス *Dipterocarpus tuberculatus*，ディプテロカルプス・オブスティフォリウス *D. obtusifolius* などフタバガキ科の樹木が優占するが，クエルクス・ケリイ *Quercus kerii* などブナ科の樹木も，かなり混じる．自然林であるとされるが（Santisuk 1988），貧栄養の土

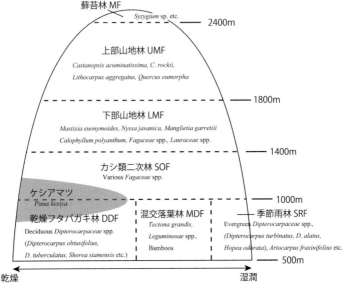

図8-4 ●インタノン山の植生垂直分布．蘚苔林以外の植生帯の名称はSantisuk (1988) に基づく．主な優占種名をあわせて示す．

壌条件や頻発する山火事の影響下に成立している二次林と見なす考えもある (Maxwell and Elliott 2001)．

　同じ標高帯で，やや水分条件に恵まれた場所には，混交落葉林 (MDF, Mixed Deciduous Forest, 図8-5-3) が見られる．樹高は20〜30m，優占種として本来はチーク *Tectona grandis* が多かったと考えられているが，伐採によって多くの地域で消滅してしまっている．マメ科のザイリア・ザイロカルパ *Xylia xylocarpa*，ダルベルギア・カルトゥラ *Dalbergia cultrata*，プテロカルパス・マクロカルパス *Pterocarpus macrocarpus*，ミソハギ科のラゲルストロエミア・コチン

図8-5●インタノン山の様々な森林.1,乾燥フタバガキ林.2,乾季の乾燥フタバガキ林の林内.3,沢沿いの混交落葉林.写真左側のタケの葉も黄葉している.4,ケシアマツ林の林内.5,水田を取り囲んで広がるカシ類二次林.6,海抜1700m付近の下部山地林の景観.連続的な林冠の上に *Mastixia euonymoides* などの突出した林冠が見える.7,下部山地林の林内.8,海抜2000m付近の上部山地林.超高木は見られず林冠は連続的である.

チャイネンシス Lagerstroemia cochinchinensis など多様な種が林冠を構成する．フタバガキ科やブナ科の樹木はほとんど混じらない．多様なタケ類（デンドロカラムス・メンブラナケウス Dendrocalamus membranaceus, ティルソスタキス・シアメンシス Thyrsostachys siamensis, バンブサ・トゥルダ Bamusa tulda など）が，林下に生育するのが特徴である（Santisuk 1988）．DDF と MDF では，乾期には，多くの樹木が落葉する．

　低標高域でも，最も水分に恵まれた流路沿いには，DDF や MDF では無く，樹高 40m に達する季節雨林（SRF）が線状に発達する．フタバガキ科の常緑広葉樹，ディプテロカルプス・アラトゥス Dipterocarpus alatus やホペア・オドラタ Hopea odorata などが優占する常緑広葉樹林だが，テトラメレス・ヌディフロラ Tetrameles nudiflora などの落葉樹も混交する（Santisuk 1988）．

　海抜 1000m より上では，フタバガキ科の樹木が欠け落ち，海抜 1400m 付近まで，ブナ科の樹木やツバキ科のイジュが林冠で優占する．西日本の里山で見られるようなカシ類の二次林（SOF, Secondary Oak Forest, 図 8-5-5）で，非常に多様なブナ科の種が優占種となっている．二次林化する以前の植生がどのようであったかは，よくわかっていない．また，乾燥フタバガキ林とカシ類二次林の境界付近（海抜 900–1200m）には，ケシアマツ Pinus kesiya が出現し，相観上はマツ林となる．フタバガキ科およびブナ科の樹木も混交する（図 8-5-4）．

　さらに標高が上がると雲霧帯となり，海抜 1400–1700m の間は，別のタイプの山地林，下部山地林（LMF）が見られるようになる．樹高 50m 以上に達する巨大な森林である（図 8-5-6, -7）．この山

地林には，15haの永久調査区が設置され，森林動態の長期継続調査が行われている（Kanzaki et al. 2004）．連続的な林冠は主にブナ科の樹木により形成されるが，その上に超高木として，ミズキ科のマスティキシア・エウオニモイデス *Mastixia euonymoides* やヌマミズキ科のニッサ・ジャバニカ *Nyssa javanica*，モクレン科のマングレティア・ガレッティイ *Manglietia garretii* が出現する．胸高断面積合計の値ではブナ科が第1位（20%）を占め，種数はクスノキ科が第1位（9属25種）を占める．超高木を除けば，クスーカシ林 Lauro-Fagaceous forest の1型である（Hara et al. 2002）．

さらに標高が上がると，海抜1800m付近で *Mastixia* などの巨木が欠落し，樹高も20mほどにまで低下する（図8-5-8）．上部山地林（UMF）と呼ばれているが（Santisuk 1988），マレシア熱帯の上部山地林とは，全く異なるタイプの森林なので注意が必要である．優占種は，それ以下の標高帯から出現するブナ科のカスタノプシス・アクミナティシマ *C. acuminatissima* やクエルクス・ユーモルファ *Q. eumorpha* である．頂上付近のごく狭い標高帯は，樹幹がコケに厚く覆われた蘚苔林（MF）となっている．ブナ科の樹木はほとんど見られない．

4 | タイ北部インタノン山におけるブナ科植物の垂直分布

インタノン山で，私が標本を採取して確認したブナ科植物は，シイ属9種，マテバシイ属13種，コナラ属9種の計31種であった（図8-6）．タイ森林局の標本庫で，これ以外に3種の標本が採

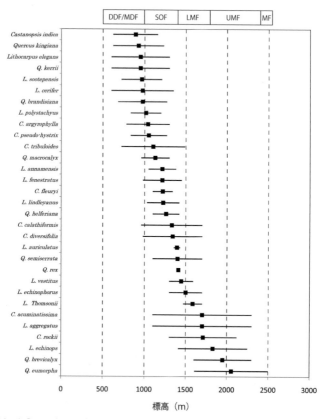

図8-6 ●インタノン山におけるブナ科植物の垂直分布．最上部に垂直植生帯を示す．植生帯の略号は図8-4と同じ．黒点は分布域の中点．

られていることを確認したので，少なくとも34種が出現することとなる．インタノン山は大きな山で，調査出来ていない範囲も広いので，実際の種多様性は，さらに高いと推定される．ブナ科

3属の種数が，拮抗している点は，マテバシイ属の種が，シイ属やコナラ属よりも多様なマレシア熱帯とは異なる点である．また，各属とも山麓部（海抜600m）から頂上近く（海抜2300m）まで，ほぼ全域にわたって出現し，属による出現標高の違いは見られなかった．インタノン山で特徴的なのは，種の垂直的な分布幅が，かなり狭いことで，平均の分布幅は550mであった．

標高軸に沿って，多くの種がリレー的に分布し，ブナ科フロラが連続的に変化していたが（図8-6），植生帯と関連づけて整理すると，3つの種群に分けられる．種群1は最も低海抜域に分布する種群で，海抜1000m前後に分布の中心があり，乾燥フタバガキ林帯（DDF）からカシ類二次林帯（SOF）にかけて分布する．カスタノプシス・インディカ *C. indica* やリトカルプス・ケリファー *L. cerifer*，クエルクス・ケリイ *Q. kerii* などが代表的なものである．種群2は乾燥フタバガキ林帯にはほとんど出現せず，中腹のカシ類二次林帯を中心に分布する種で，カスタノプシス・トリブロイデス *C. tribuloides* やカスタノプシス・カラティフォルミス *C. calathiformis*，カスタノプシス・ディベルシフォリア *C. diversifolia*，リトカルプス・フェネストラタス *L. fenestratus*，クエルクス・ミクロカリックス *Q. microcalyx*，クエルクス・セミセラトイデス *Q. semiseratoides* など，最も多くの種が含まれる．種群3は，雲霧帯に発達する山地林（LMF, UMF）に分布する種群で，種数は最も少ないが，垂直的な分布幅がやや広い種が多い．カスタノプシス・アクミナティシマ *C. acuminatissima* やカスタノプシス・ロッキイ *C. rockii*，リトカルプス・アグリガートゥス *L. aggregatus*，クエルクス・ユーモルファ *Q. eumorpha* などである．

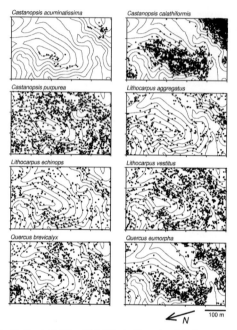

図8-7 ●インタノン山の15ha調査区におけるブナ科植物8種の分布．等高線は10m間隔．調査区内を尾根が北東-南西方向に走っている．季節風は雨期に北西側から吹き付ける．Noguchi et al.（2007）より転載．

標高別に**暖かさの指数WI**を計算して，水平的な植生帯との対応を調べると500〜1500mが亜熱帯，1500m以上が暖温帯に相当する．したがって，ブナ科の植物は亜熱帯から暖温帯に相当する範囲に分布し，亜熱帯上部で種の多様性が最も高くなっていると言えるだろう．

それぞれの種の立地要求や成長特性はあまり調べられていないが，海抜1700m付近の長期継続調査区の中で，地形条件に対応

した，ブナ科植物8種の分布が調べられている（図8-7, Noguchi et al. 2007）．地形の凹凸度に対する種の分布モードはずれており，地形条件に対応したニッチ分化が一応，認められるが，互いに重複も大きく，尾根型 vs 谷型のような明瞭なニッチグループの分化は見られないとされている．また，分布する斜面方位が，季節風が吹きつける風上側に偏る種が見られることから，風による攪乱も影響していそうだ．

　以上，インタノン山のブナ科のフロラの特徴として，やや乾燥した立地に生育する種が多いこと，種の垂直分布範囲が比較的，狭いことが特徴である．これは，上記のように標高が，気温傾度だけでなく乾湿傾度ともリンクし，環境傾度として急なものになっていることが関係しているだろう．

5 ボルネオ島の植生

　ボルネオ島など東南アジア湿潤熱帯の森林植生は，垂直分布帯として，低標高から高標高に向かい（1）熱帯低地林（混合フタバガキ林），（2）熱帯下部山地林，（3）熱帯上部山地林に区分されることが多い（e.g., Whitmore1984；Ashton 2014, 図8-8-1〜4）．各型の森林は樹高や超高木の有無，葉の大きさなど森林の相観，**板根や幹生花**，ツル植物の出現頻度などによって異なるとされる（表8-2）．さらに上側に（4）熱帯亜高山林を置くこともある（Richards 1996）．また，van Steenis (1984) は，標高ごとの植物相を比較し，1000m 以下を熱帯，1000 〜 1500m を亜山地帯，1500 〜 2400m を

図8-8 ● ボルネオ島の様々な森林．1，熱帯低地林，サバ州ケプンチナ森林保護区．2，熱帯下部山地林，プロンタウ国立公園．3，熱帯下部山地林の林内，プロンタウ国立公園．4，熱帯上部山地林，プロンタウ国立公園．5，蘚苔林，プロンタウ国立公園．6，ケランガス林，ムル国立公園．7，熱帯低地林（氾濫原上）．8，河川沿いの自然堤防上の森林．

表8-2 ●熱帯の主要な森林群系の比較. Whitmore (1984) による.

森林群系	熱帯低地常緑林	熱帯下部山地林	熱帯上部山地林
林冠高 (m)	25〜45	15〜33	1.5〜18
超高木	特徴的, 60 (80) mに達する	しばしば欠ける, 37mまで	通常, 欠ける, 26m以下
羽状葉	高頻度に見られる	稀	極めて稀
主要なリーフサイズ	中形葉	中形葉	小形葉
板根	高頻度, 大きい	稀, 小さい	通常, 欠ける
幹生花	高頻度	稀	欠ける
巨大な藤本類	多く見られる	通常, 見られない	見られない
幹付着の登攀植物	しばしば, 多い	しばしば見られるか多い	極めて稀
着生の維管束植物	高頻度	多い	高頻度
着生の非維管束植物	時々	時々〜多い	しばしば多い

山地帯, 2400〜4000mを亜高山帯, 4000〜4500mを高山帯に区分している.

これらの植生帯の境界について, Ohsawa (1995a, b) は, (1) 低地林と (2) 下部山地林の境界を海抜1000m, (2) 下部山地林と (3) 上部山地林の境界を2500m, (3) 上部山地林の上限を3800m付近におき, 積算気温との対応を示している. また, 熱帯では気温に年較差が無く, 冬期の低温が植物分布の制限要因とならない為, 垂直分布帯の境界は積算気温のみよって決まり, 境界の標高は緯度軸に平行となることを指摘している.

ただし, 個々の山岳についてみるならば, 各植生帯の境界高度には雲霧帯の出現高度や山塊効果が大きく影響し, 標高の高い山地ほど境界高度が高く, 標高の低い山地ほど境界高度が低下するのが普通である. また, 雲霧帯には幹を蘚苔類に被われた蘚苔林が発達する(図8-8-5). 地形的効果により, 尾根筋や山頂付近では, より高標高に出現する植生型が降下して出現する事も多い. さらに, 地質や土壌条件の違いによって, 同一標高帯でも異なった植

生が見られることも多い．このような植生垂直分布の複雑さは，温帯山地と比べても顕著で，湿潤熱帯山地の特色であるように思われる．

具体的にみてみよう．各植生帯の境界について，標高4101mのキナバル山では，上記（1）と（2）の境界は1200m，（2）と（3）の境界は2000〜2350m，（3）と（4）の境界は3400mに置かれているが（Kitayama 1992），標高が低いムルドゥ山 Gunung Murud (2422m) では，（1）と（2）の境界は900m，（2）と（3）の境界は1800mに置かれ(Tsai 2006)，さらにムル山 Gunung Mulu(2376m) では，（1）と（2）の境界は800m，（2）と（3）の境界は1200mに置かれている（Anderson et al. 1982）．研究によって，植生帯の分類基準が同一とは言えないので，正確な比較は難しいが，標高の低い山岳ほど各植生帯の分布が，下方にずれていることが伺える．

また，Symington (1943) は，（1）低地林帯をさらに，海抜300m以下の低地フタバガキ林帯と，海抜300m以上の丘陵フタバガキ林帯に分け，（2）下部山地林帯についても海抜1200m以下の上部フタバガキ林帯と，海抜1200m以上のカシ-クス帯に分けている．この例のように，熱帯低地林帯と熱帯下部山地林帯をさらに下位区分することは，他の報告でも普通である．例えば，上記のムル山の上部山地林は，標高の上昇とともに高木型，低木型，山頂型に分けられている（Anderson et al. 1982）．ボルネオ島中西部に位置するランジャック・エンティマウ野生生物保護区の植生帯について報告したChai (2000) は，低地林帯をフタバガキ林と丘陵フタバガキ林に細分し，さらにその上に，山頂・尾根林，

亜山地蘚苔林，山地蘚苔林を区別している．

　日本のような北半球の温帯では，垂直植生帯は常緑広葉樹林，落葉（夏緑）広葉樹林帯，亜高山針葉樹林帯，高山帯に区分され，それぞれの植生帯で植物の生活形が明瞭に変化する．これと比べると，湿潤熱帯山地では，樹木の生活形としては，どの植生帯でも常緑広葉樹が卓越している．表8-2に示すような森林相観上の違いによって区別するとしても，境界はしばしば不明瞭で，区別は難しい場合も多い．また，湿潤熱帯では，標高よりも土壌条件の違いが，森林タイプの違いに強く関連していることが指摘されている（Ashton 2014）．

　標高に応じた帯状分布を持たない，非成帯的な植生タイプとして，ボルネオ島では，マングローブ，泥炭湿地林，ケランガス林（ヒース林，図8-8-6）が大きな面積を占めている．マングローブや泥炭湿地林は低海抜の沿海地に限られるが，ケランガス林は内陸部や高海抜地の珪質土壌上にも分布する．土壌のポドゾル化の程度に対応し，低地フタバガキ林に類似した樹高30m前後に達する発達した森林から，樹高10m足らずの矮性化した森林まで，様々なタイプの森林が含まれる（Whitmore 1984）．さらに，ボルネオ島は低海抜地の占める比率が高く，河川の下流・中流域が内陸まで入り込んでいる．河川の氾濫の影響を直接，被る自然堤防や氾濫原の森林（図8-8-7，-8）は，その背後にある山腹斜面の森林とは種組成が異なり，出現するブナ科の種も異なっているようである．同一標高帯であっても，標高や地形，土壌条件によって様々なタイプの植生が含まれており，ブナ科植物の分布にも影響している．

6 ボルネオ島におけるブナ科植物の垂直分布

(1) キナバル山

　ボルネオ島の代表的な山岳の例として,マレーシア・サバ州に位置する島の最高峰キナバル山（海抜4094m）におけるブナ科植物の垂直分布を,Beaman et al. (2001) の記載（標本データに基づく）に従って整理してみた（図8-9）.ただし,海抜500m以下については,標本数が少ないため,分布が過小評価になっているので注意が必要である.全体では海抜300〜3400mの範囲に,シイ属11種（うち1種は標高データ無し）,マテバシイ属37種（うち1種は標高データ無し）,コナラ属11種,カクミガシ属（狭義）1種,計61種が確認されている.マテバシイ属の種数が他の属と比べて多いのは,マレシア熱帯の特徴である.全体として,低地林上部から下部山地林にかけて非常に多くの種が分布した.属レベルで見ると,マテバシイ属とコナラ属は広範囲に分布し,特にマテバシイ属は,低地林帯〜亜高山林帯にかけて広く分布し,分布上限は森林限界に達していた.これら2属と比べると,シイ属の分布は,やや低い範囲に限られ,また,カクミガシは海抜1500m付近の狭い標高帯にしか見られなかった.標高軸に沿って,多くの種がリレー的に分布する点は,北タイのインタノン山と同じだが,インタノン山と比較すると,垂直的に広範囲に分布する種が多く,種の垂直分布幅の平均値は,約800mであった.最も広い標高域に分布するのはリトカルプス・ハビランディイ L. *havilandii*

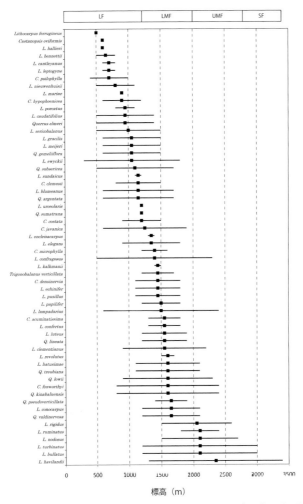

図8-9 ●キナバル山のブナ科植物の垂直分布．Beaman et al. (2001) による記載より描く．最上部に垂直植生帯 (Kitayama1992) を示す．LF, 低地林；LMF, 下部山地林；UMF, 上部山地林；SF, 亜高山林．黒点は分布域の中点．

で2100mの範囲に分布した．その他にも1500m以上の分布幅を持つ種が複数，見られた．

(2) サラワク州

次に，地理的に広範囲になるが，マレーシア・サラワク州全域におけるブナ科植物の垂直分布を，サラワク森林局の標本データによって調べた結果をみてみよう（図8-10）．シイ属16種，マテバシイ属52種，コナラ属15種，カクミガシ属（狭義）1種，計84種が確認された．やはり，マテバシイ属の種数が他の属と比べて極めて多い．また，カクミガシを除く3属はいずれも海抜100m以下の低地から海抜2000m前後まで分布するが，シイ属では，出現標高がやや低い側に偏っていた．カクミガシは，キナバル山同様，狭い標高範囲にしか出現しないが，キナバル山よりも，やや低標高側にずれ，標高幅も広がっていた．

キナバル山における垂直分布（図8-9）と比較すると，種の垂直分布幅が，さらに広がっているのが特徴である．平均で約800mに及び，1000m以上の範囲に分布する種が32種確認された．また，垂直的な分布域の下限が海抜100m以下の低海抜地まで達している種が極めて多く，下部山地林帯（海抜1000m以上）に分布が限られる種は少ない．そのため，種の多様性は，低地林帯の上部で最も高くなっていた．

サラワク州には，キナバル山との共通種が45種，分布する．これらの種について垂直分布を比較すると，サラワク州では，大部分の種で分布域が下降していた．すなわち，分布域の中心で比

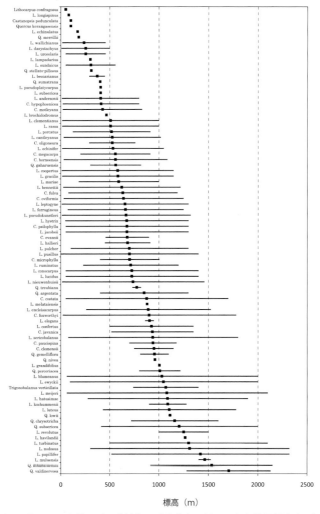

図 8-10 ● サラワク州のブナ科植物の垂直分布．サラワク森林局標本庫の標本データに基づく．黒点は分布域の中点．

較すると39種（87%）で分布が下降しており，500m以上，下降している種が15種あった．サラワク州の最高峰はグヌン・ムルド Gunung Murud（海抜2423m）で，キナバル山と比べて標高の低い山地が多い．このため，負の山塊効果によって，ブナ科植物の分布域が全体的に下降し，種の垂直的な分布域も下方に伸びて分布幅が大きくなっているのではないかと考えられる．

以上のように湿潤熱帯における植生やブナ科植物の垂直分布は複雑で，まだまだわからないことが多い．水平的な分布については，さらにわからない点が多い．開発によって，すでに広範囲で森や植物が失われてしまっており，調べようが無い地域が多いというのが現状かもしれない．

水平分布について，興味深いと感じた例をひとつだけあげておこう．リトカルプス・パルンゲンシス *L. palungensis* は，殻斗を含めると直径7cm以上に達する巨大などんぐりを着ける（コラム1，口絵4）．2000年に記載された種で，かなり稀な種であるが，これまでに知られた分布地点は，サラワク州北部の山地，サラワク州西部クチン近郊，インドネシア西カリマンタン州パルン山に隔離している（図8-11）．サラワク州北部の分布地と，クチン近郊やパルン山とは直線距離にして600〜800kmあり，その間，山域は途切れている．今後，中間地点で発見される可能性はあるが，上記の隔離分布が事実とすれば，分布がどのように形成されたかが問題となる．このような巨大などんぐりを，数百キロメートルも運ぶ鳥類その他の動物は考えにくい．そうであるとすれば，この種は，かつては山地に連続的な分布を広げていたが，その後の地形や環境変化によって分布が途切れ，現在のような分布になっ

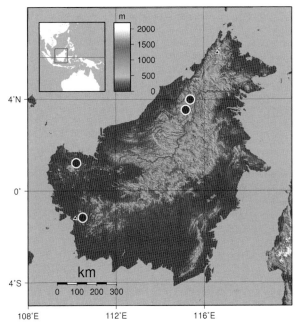

図8-11 ●リトカルプス・パルンゲンシス *L. palungensis* の分布. 背景の地図は Wikimedia からダウンロードして使用.

たと考えるほうがよい. ボルネオ島の多様なブナ科フロラは, 地質的にも非常に長い時間をかけて形成されてきたことを示す一例ではないかと思う. 世界で, ここにしか見られない貴重な自然がこれ以上, 失われることのないようにと思う.

コラム❺ 南西諸島の森とブナ科の植物

　南西諸島の常緑広葉樹林で，森林の上層を形成する樹木は，スダジイ（亜種オキナワジイ），オキナワウラジロガシ，アラカシ（変種アマミアラカシ），イスノキ，イジュなどで，イジュを除けば九州以北の常緑広葉樹林と大差ないように見える．しかし，森林の下層には，アカネ科（ボチョウジ属，ミサオノキ属，ルリミノキ属，アカミズキ，シロミミズ）やヤブコウジ科，トウダイグサ科，クワ科，フトモモ科の種が多く見られ，九州以北の森林とは種組成が大きく異なっている．ツバキ科やモチノキ科も，イジュやヒサカキサザンカ，リュウキュウナガエサカキ，ケナガエサカキ，リュウキュウモチ，ムッチャガラなど，九州以北には分布しないか稀な，亜熱帯性の種が目立つ．これらの種は小型の液果を着け，鳥散布と考えられるものが多い．以上のことから，植物社会学的にも，南西諸島の常緑広葉樹林は，主に山地に分布するボチョウジ（リュウキュウアオキ）－スダジイ群団，および主に隆起サンゴ礁上に分布するナガミボチョウジ－クスノハカエデ群団として，九州以北の常緑広葉樹林と区別されている（鈴木 1979）．

　南西諸島の常緑広葉樹林が，九州以北のそれと一見，よく似ているように見えるのは，林冠でブナ科のオキナワジイやオキナワウラジロガシの優占度が高いためである（図1）．一方，ブナ科のフロラに視点を移すと，南西諸島は，隣接する台湾や九州と比べて，種多様性が低いことが明瞭である（表1）．ブナ科の植物は，堅果を着けるため散布力が小さく，海洋島には分布しないことはよく知られた事実で，日本でも，海洋島の小笠原諸島では，ブナ科の植物は全く見られない．南西諸島は，大陸の一部として形成された大陸島であるが，海洋島と同様にブナ科植物が貧化しているのである．こ

図1●南西諸島（徳之島三京）の照葉樹林．開葉の時期で，若葉のため，オキナワジイの樹冠は黄褐色（写真ではやや暗い色），オキナワウラジロガシの樹冠は黄緑色（やや明るい色）に見える．林冠の大部分は，この2種によって構成されている．

れは，南西諸島は，屋久島以外は海抜高が低く（奄美大島，湯湾岳694m；沖縄島，与那覇岳503m；石垣島，於茂登岳526m），島内の気候傾度が小さいことや生育環境の多様性が低いことが一因であろう．しかし，同時に，南西諸島の地史的な成立過程も強く影響していると考えられる．

　南西諸島のブナ科フロラは，ブナ属，クリ属，コナラ属の落葉樹を欠くと同時に，常緑性のシイ属やマテバシイ属，コナラ属アカガシ亜属の常緑樹も，九州や台湾と比べて貧化していることが特徴である．ブナ科の種多様性は，北琉球（屋久島や種子島など）でも7種と低く，南下するに連れ，中琉球（奄美大島や沖縄島など）で6種，南琉球（石垣島や西表島など）で3種と，さらに低下していく．ところが，台湾に至ると，種の多様性は急増し，九州以北との共通

表 1 ●台湾～九州間のブナ科植物の分布の地理的推移．＊1，Flora of China (1999) では、台湾産の種は、近縁の *Cyclobalanopsis stenophyllides* に含めている。＊2，Flora of China (Huang et al. 1999) では、自生は疑問視されている。＊3，堀田（2006）では、自生か否かは不明とされている。

生活形	属	種	台湾	尖閣諸島	南西諸島 南琉球	南西諸島 中琉球	南西諸島 北琉球	九州
常緑樹	シイ属	スダジイ					○	○
		亜種オキナワジイ			○	○		
		コジイ						○
		変種ナガハシイ	○					
	マテバシイ属	マテバシイ				○	○	○
		シリブカガシ	○					○
	コナラ属	アラカシ	○				○*3	○
		変種アマミアラカシ		○	○	○		
		変種kuyuensis	○					
		オキナワウラジロガシ			○	○		
		ウラジロガシ	○*1			○	○	○
		ウバメガシ	○			○	○	○
		アカガシ					○	○
		イチイガシ	○				○	○
		シラカシ	○*2					○
		ツクバネガシ	○					○
		ハナガガシ						○
落葉樹		アベマキ	○					○
		カシワ	○					○
		クヌギ	○					○
		ナラガシワ	○					○
		コナラ	○					○
		ミズナラ						○
	ブナ属	ブナ						○
		イヌブナ						○
		タイワンブナ	○					
	クリ属	クリ						○
種数		上記以外の種	31	0	0	0	0	0
		合計	44	1	3	6	7	21

種も多数,見られる.また,南西諸島のブナ科はこの地域に固有で,オキナワウラジロガシは固有種,オキナワジイとアマミアラカシは,それぞれスダジイの固有亜種,アラカシの固有変種である.中琉球の奄美大島から南琉球の西表島までは,直線距離にして700km以上あるが,この間,オキナワジイ,オキナワウラジロガシ,アマミアラカシが共通して分布し,森林の上層を形作っている.林冠部について見る限り,地域間のフロラの違いは小さい.また,台湾と南西諸島だけに分布し,九州には見られないというパターンを示す種は無い.

　このような地理的なパターンは,どのようにして形成されたのだろうか.そのヒントが,沖縄島の古植物学研究の成果から得られている.黒田(1998)によれば,沖縄島南部の鮮新世末期～更新世初期の地層である島尻層群最上部の新里層(200万～150万年前)からは,スギやヒノキの材化石が多数,出土する.また,この地層で行われた花粉分析によれば,温帯性のスギ属,モミ属,ツガ属,ニレ・ケヤキ属,ブナ属,コナラ属の花粉が,マキ科のダクリディウム属やマンサク科のフウ属の花粉とともに発見される(松岡・西田1978).フウ属は,東アジアの第三紀の森林に広く分布していたことが化石から知られるが,その後の環境変化によって各地で絶滅していったメタセコイア植物群と呼ばれる植物群の一員である.日本列島においても,鮮新世まで,フウはメタセコイアやスギ,ツガ属などの温帯性針葉樹やブナ属,クルミ属などとともに混交林を形成していた(山野井1998).しかし,日本(近畿地方)では第四紀を前に絶滅した(Momohara1992, 百原2010).

　海産の動物化石の研究から,この時代の琉球列島は温暖な熱帯～亜熱帯気候下にあったと考えられる.したがって,上記の温帯性樹木が生育するには,海抜2000m以上に達する,現在の屋久島や台湾のような山地が必要なはずだと推定されている(黒田・小澤

1996, 黒田ほか 2002).

　南西諸島全域の古地理について, 北琉球は九州とつながり, 北琉球と中琉球の間にはトカラ海峡があり断絶していたが, 南琉球と中琉球には中国南部および台湾からつながる陸橋が存在したと推定され, この陸橋を通って大陸から生物が移動し, 固有の生物相の基礎が形成されたと考えられていた (木崎・大城 1977). しかし, 近年, 海底の地質や地形の調査が進んだ結果, 南西諸島の古地理は, 大きく見直されている. 木村 (2002) によれば, 南西諸島は当時 (鮮新世末期), 大陸の東縁を成し, 南西諸島の西側を走るトカラ海嶺の部分は活発な火山活動によって隆起し, 黒田・小澤 (1996) や黒田ほか 2002) が推定するような高い山地があったのではないかと推定されている (図 2-1). 南西諸島周辺の海底地形を特徴づけているトカラギャップ (北琉球と中琉球を分けるトカラ海峡にある**海裂**) とケラマギャップ (中琉球と南琉球を分ける, 沖縄諸島と宮古諸島間にある海裂) は, 当時, それぞれ古黄河と古揚子江の河口であったと推定されている. さらにこの時代に先立つ中新世末期〜鮮新世後期にかけては, 沖縄諸島以北の琉球列島は, 大陸とは離れた, 九州と繋がる陸域を形成していたと考えられている (木村 2002).

　南西諸島が大陸の一部であったとすれば, その植生やフロラが周囲と大きく異なっていた可能性は低い. 九州と共通性の高い, 温帯性植物を含む森林植生が広がっていたのではないだろうか.

　南西諸島は, その後, 更新世初期から中期にかけて, 地理的に大きく変化したと推定されている (木村 2002). すなわち, 地域全体が沈降して海水面が相対的に上昇し, 更新世初期 (170 万〜130 万年前) には, 琉球弧と現在の大陸の間にある大沖縄トラフと呼ばれる部分が水没して内海となり, 諸島は陸橋化した (図 2-2). 南琉球・中琉球は大陸とつながっていたが, トカラ海峡は, 陸地の水没によって生じた内海と太平洋をつなぐ海峡となって切れていたと推定

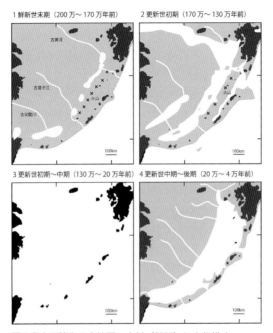

図2 ● 南西諸島の古地理．木村（2002）により描く．

されている．その後，陸域の沈降と相対的な海面上昇はさらに進み，更新世初期〜中期（130万〜20万年前）には，ほとんどの陸域は海面下に水没してしまった．南西諸島は多くの島に分かれ，ほぼ現在の海陸分布に近い形になったと推定されている（図2-3）．

この間，植生がスギ林から常緑広葉樹林に変化していった様子が，沖縄島の国頭礫層下部の花粉分析結果から得られている（黒田・小澤 1996）．調査した地層の最下部ではスギ属が優占し，マツ属やシイ属，ハイノキ属，モチノキ属などが混交する組成を示しているが，その直上でスギ属が急減し，変わってシイノキ属やアカガシ亜属が

増加する．森林の優占種が，大きく変化したと考えられる．境界を挟む上下の地層では，いずれにおいても，温帯性の落葉樹であるブナ属やコナラ属コナラ亜属は見られず，亜熱帯性の落葉樹であるサルスベリ属がフウと共に連続して出現していた．つまり，ブナ科フロラ全体が，上述の新里層の時代とは異なっていた．植生がスギ林から常緑広葉樹林へ変化した時代については，琉球石灰岩が生成を開始する更新世前期（120万～80万年前）と推定されている．

古地理変遷と合わせて考えると，南西諸島では地殻の急激な沈降と海水面の上昇によって陸域が低海抜化し，面積も小さくなって分断されていく中で，スギ林が消滅しブナ科の常緑広葉樹が優占する森林へと変化したことになる．花粉分析では，属（一部は亜属）までしか区別できないので，この間，種レベルでどのような変化があったかはわからない．しかし，陸域の面積が狭くなったことで環境の多様性も減少し，負の**面積効果**によって，スギだけでなく他の多くの分類群でも種の絶滅が進んだ可能性が高い．ブナ科フロラについても，それ以前の多様性が失われたのではないかと考えられる．

その後，更新世の中期以降になると，2回の氷期（リス氷期，ウルム氷期）には，氷河性の海水準変動によって海水面が低下し，陸域が拡大して島々がつながり，陸橋が出現したと推定されている（図2-4）．トカラギャップは沈水して海峡になっていたと考えられるが，生物分布上の切れ目となっているトカラギャップやケラマギャップ，ヨナクニギャップ（与那国島～台湾間の海裂）が沈水していたかどうかは決着がついていないようだ（木村 2002，太田 2012）．また，間氷期には海面が上昇して，南琉球，中琉球は島となり，孤立していたと考えられる．

この時期の南西諸島の植生について，間氷期に相当する地層からは，シイ属，コナラ属アカガシ亜属，ウラジロエノキ属，サルスベリ属などの花粉化石が検出されており（黒田 1998），亜熱帯性の常

緑広葉樹林があったと推定される．最終氷期の植生について，伊是名島で得られた最終氷期盛期の地層からは，優占するマツ属の花粉に混じって，マキ属やシイ属，アカガシ亜属の花粉もかなりの数，検出されている（黒田・小澤 1996）．一方，モミ属やツガ属など針葉樹や，ハンノキ属やコナラ属コナラ亜属の落葉樹など温帯性樹木の花粉はほとんど検出されない．気候が現在よりも乾燥していたため，常緑広葉樹よりもマツが優勢であったと推定されているが，ブナ科の樹木としては，間氷期と大差なく，シイ属とコナラ属アカガシ亜属が多かったと考えてよいだろう．

以上のように，少なくとも沖縄島周辺では，前期更新世にスギ林が消失して以降，シイ属とコナラ属アカガシ亜属の常緑広葉樹林が継続して見られたと考えられる．

ところで，南西諸島に固有なオキナワジイ，オキナワウラジロガシ，アマミアラカシはいつ頃，分化したのだろうか．スダジイ（オキナワジイを含む）では，**マイクロサテライト DNA** を用いた分子系統地理が調べられている（Aoki et al. 2014）．それによれば，スダジイは遺伝的に，日本列島内で東側と西側の集団に大きく分かれ，オキナワジイは西側の集団内の，よくまとまった群として認められている．すなわち，オキナワジイは，九州など西日本の集団から分化し，亜種内での変異は小さいことが示唆される．また，集団内の遺伝的多様性は，スダジイの中でも，オキナワジイで最も高い．これは，地理的に南に位置するため気候の寒冷化の影響を受け難く，氷期においても大きな集団サイズが維持され，多様な遺伝子が残されてきた結果と解釈されている．

次に，アラカシ（アマミアラカシを含む）は，日本から台湾，中国中南部からインドシナ，ヒマラヤまで広域に分布する種で．遺伝的にも多様な集団を含んでいる．33 の**ハプロタイプ**が知られ，各タイプは中新世・鮮新世境界付近で分化し始め，鮮新世末から更新

世初期に多様化したと推定されている（Xu et al. 2015）．日本と比べると，大陸や台湾からは多様なハプロタイプが知られ，日本の中でも南西諸島の集団からは一つのハプロタイプしか知られていない（Xu et al. 2015 ; Huang et al. 2002）．おそらく，南西諸島が大陸の一部であった頃には，すでに分布しており，その後，島嶼化が進み，陸域の面積が減少する中でハプロタイプの貧化が進んだのかもしれない．

オキナワウラジロガシは南西諸島固有なので，ここで生まれた可能性が高いが，分子系統的な位置は不明である．ウラジロガシとの間に雑種を形成することが知られているので，近縁なのかもしれない．

もし，オキナワジイが九州のスダジイに由来するとすれば，トカラ海峡の分断によって，両地域の集団が隔離された後に，亜種として分化した可能性が高い．一方，南西諸島内で奄美大島から西表島まで，広く分布することからは，島嶼が現在のように隔離しておらずつながっていた時代に分布を広げたと考えるほうが自然である．また，島嶼間が繋がっていたとしても，ブナ科植物は種子散布力が小さいので，短期間に分布を広げることは困難であろう．これはオキナワウラジロガシやアマミアラカシにも共通する．特に，オキナワジイとオキナワウラジロガシは，主に砂岩や泥岩など堆積岩からなる山地に限って分布し，琉球石灰岩上には見られない．したがって，たとえ陸化してつながったとしても，そこが琉球石灰岩であれば，生態的な障壁として機能し，分布を広げるのは難しいと考えられる．これらのことから考えると，おそらく更新世の初期，南西諸島の分断が進む以前に，オキナワジイ，オキナワウラジロガシ，アマミアラカシはすでに分化し，南西諸島内に広がっていたと考える方が自然である．

以上のように，南西諸島のブナ科フロラについては，大陸時代の

高い多様性が，その後の島嶼化によって失われ，生き残った少数の種が，中琉球と南琉球が陸続きであった時代に諸島内に広がって現在のフロラが形成されたというシナリオが最も考えやすい．すなわち，海洋島とは異なり，島嶼化に伴う種の絶滅が大きな要因であると考えられる．

　一方，最初に述べたように，南西諸島の常緑広葉樹林下層に生育する種は，台湾や中国南部，東南アジアから分布する亜熱帯性の種で，種子の散布力も高いものが多い．これらの種の来歴については，サツマイナモリで明らかにされたように（Nakamura et al. 2010），中国南部，台湾から島伝いに北上してきた種が多いだろうと考えられる．また，以上のように，古地理変遷から，南西諸島のブナ科フロラの成立過程をある程度，説明できたとしても，なお説明できない点が残る．それはトカラ以北の北琉球において，すでにブナ科フロラが九州と比べて著しく貧化している点である．これについては，堀田（2006）も検討しているが，よく解らない点が多い．

用語解説

ITS領域：真核生物のリボソームDNA(rDNA)において，18S, 5.8S, 28Sの各rRNAをコードする遺伝子の間に存在する領域のこと．少ないサンプル数で種間の系統関係を推定することができる．進化速度が速いため，遠く離れた生物間の系統推定には向かないが，近縁種の識別，系統推定に用いることができる．

暖かさの指数（WI）：吉良竜夫によって考案された温量指数の1種で，月平均気温5℃以上の月について，月平均気温から5℃を引いた値を，1年間分，合計して求められる1種の積算温度．日本を中心とした東アジアでは，WIの分布と気候的な植生帯がよく一致することが知られており，15〜45℃・月が亜寒帯，45〜85℃・月が冷温帯，85〜180℃・月が暖温帯に対応している．

遺存固有：過去には広い分布域を持っていた種が，その後の環境変化によって大半の地域で絶滅してしまい，狭い地域だけに残存して固有種になった状態．

一斉開葉：樹木において，その年に展開する葉をほぼ一斉に開く現象．空間獲得をめぐる植物間の競争が厳しい遷移後期に出現する種に多いとされている．逆は順次開葉．

雲霧帯：山岳において，特定の標高に雲や霧がかかりやすい場合，この標高帯を雲霧帯という．雲霧帯の出現する高度は，山の高さや緯度，気温，湿度，風向や風速などの諸条件によって変化し，山岳ごとに異なったものとなる．

介在成長：植物のシュートの節間（葉と葉の間）の成長は，通常，細胞の分裂では無く伸長によって生じる．しかし，一部の植物では，節間に分裂組織（介在分裂組織）が存在し，細胞分裂によって成長することがある．これを介在成長と呼ぶ．

海裂：海嶺など海底の高まりが急に深く切れ込んでいる部分．

隔壁（子房の）：複数の室に分かれた子房において，室を区切る内壁．

隔離分布：地理的に離れた，不連続な複数の地域に生物が分布すること．過去においては連続していた分布域が何らかの原因によって分断されて生じる場合と，長距離散布によって生じる場合とがある．

果実序（果序）：複数の果実の集まり．果実の着いた枝も含む．

花序：複数の花の集まり．花の着いた枝も含む．花の子房が成長して果実になった花序を，果実序（果序）と呼ぶが，両者は元々，同じものである．

花序殻斗 dichasium cupule：ブナ科の植物において，内側に複数の花，すなわち花序（二出集散花序を原形とする）を含む殻斗．成熟すると裂片に分かれて開き，中から果実が裸出する．

果皮：果実表面の層状の組織で，花の子房壁が成長，成熟したものである．外果被と内果被の2層，または外果被と中果皮，内果被の3層からなることが多い．内果皮または中果皮が肉質や多汁質の場合は，果肉と呼ぶ．

花被片（花被）：花弁とがく片をまとめて花被片と呼び，その全体を花被という．機能的には，送粉者となる昆虫や鳥類などを惹きつけるように色や形が進化したものを花弁，開花前の花を保護

するためのに進化したものをがく片として区別できるが，両者の区別はしばしば不明瞭であるため，植物形態学では総称して花被片と呼ぶことが多い．

幹生花：通常，花は枝先に形成されるが，熱帯性の樹木では，幹に直接，花茎が着いて花を咲かせるものがある．これを幹生花と呼ぶ．熱帯林を特徴づける生活形のひとつである．

休眠（種子の）：発芽可能な環境条件下にあるにもかかわらず，種子内部の内的要因によって発芽が阻害されている状態．発芽は吸水，発根，胚軸や上胚軸の成長といった一連の過程を含み，休眠の原因も様々である．幼根の成長が阻害されている状態が幼根休眠，上胚軸の成長が阻害されている状態が上胚軸休眠である．

共進化：生物において，この生物と生態的な関係を持つ他の生物の形や性質の進化が高い淘汰圧となって，もとの生物の形や性質を進化させ，さらに，この進化が他の生物の進化を引きおこすような相互依存的進化．植物の場合，送粉者や植食者との間にさまざまな共進化が観察されることが多い．

極軸（花粉の）：花粉が形成される際，花粉母細胞が分裂して，まず4個の花粉の塊り（花粉四分子）になった後，個々の花粉が分離して花粉が出来る．花粉四分子の中心に最も近かった部分を花粉の向心極，その反対側を遠心極と呼び，向心極と遠心極を結ぶ線を極軸と呼ぶ．花粉の形態を記述する際の基準となる．

クライン：生物の種の形質が，緯度や経度，標高などの地理的傾度や，降水量や積雪などの環境傾度に沿って，空間的に一定の方向性を持って変化する場合，これをクラインという．例えば，ブナの葉のサイズは日本列島内で南北方向に大きな変異を示すが，

これは積雪深に対応したクラインとみなされている．

茎頂：茎（シュート）の先端．茎頂分裂組織があって，新たな葉や茎を作りながら成長していく．植物ホルモンの濃度が高くなることが多く，茎に沿ったホルモンの濃度勾配を形成して，茎全体の成長に影響を与える．

系統図：生物の進化の道筋（系統）を樹状の図に示したもの．系統樹．

げっ歯類（齧歯類）：脊椎動物門哺乳綱の目のひとつで，齧歯目，ネズミ目とも言う．哺乳類の中では小型の種類が多く，リス，ネズミ，ヤマアラシなどを含む．一対の大きな門歯を持つのが特徴である．現生の哺乳類の中で最も繁栄しており，哺乳類全体の約半数を占める．

堅果：果皮が木質化して硬くなり，裂開はせず，中に1個の種子を含む果実．機能的には種子に類似する．ブナ科やクルミ科，カバノキ科の果実が代表的なものである．

原基：生物個体の発生過程において，どのような器官に分化するかは決定しているものの，その形態や機能の分化が，まだ十分ではない細胞群．維管束植物において，花の原基は茎頂の先端に，葉の原基は茎頂の先端から少し下がった場所に形成されるのが普通である．

厚壁細胞：細胞壁が厚く硬くなり，核や細胞質を失った細胞で，死んだ細胞である．集まって厚壁組織を構成し，植物体の機械的な支持に役立っている．

子嚢菌：子嚢菌門．菌類のうち，子嚢と呼ばれる微小な器官を作り，その中に胞子を作る菌類．形態的には極めて多様で，酵母の

ような単細胞生物からカビ（糸状菌），トリュフなど一部のキノコまでが含まれる．

子房：被子植物の雌しべの一部．中に胚珠を包み込んでいる部分．1〜複数枚の心皮によって構成され，内部は複数の室に分かれている場合がある．雌しべは，子房のほか，花柱，柱頭によって構成されている．

柔細胞：植物の柔組織を作る細胞で，生きている細胞である．細胞質が多く，様々な生理的機能を担う．細胞壁は相対的に薄いことが多い．

充実率（種子の）：生産された種子のうち，正常な胚を持ち発芽能力を有する種子の割合．

種子散布：種子などの散布体が，親元の植物を離れて広がっていくこと．散布は植物が分布を広げたり，再生適地に到達するために，極めて重要な過程である．

受精：種子植物において，受粉後，花粉が発芽して花粉管を伸ばし，その中の精核が胚珠内の卵細胞と融合すること．被子植物では，同時にもうひとつの精核が2個の極核と受精するため，重複受精と呼ばれる．

種皮：内側に胚や胚乳を包み込んだ，種子表面の層状の組織で，子房中の胚珠を被っていた珠皮が成長，発達したものである．複数の層に分かれることがあり，2層に分かれた場合，外側を外種皮，内側を内種皮と呼んで区別する．

受粉：種子植物においては，花粉が雌しべの柱頭に付着すること，裸子植物においては，花粉が胚珠の珠孔に付着すること．

順次開葉：樹木において，その年に展開する葉を，比較的，長期

間にわたり展開し続ける現象．成長に必要な空間，養分などの資源が豊富に存在する遷移初期に出現する種に多いとされている．逆は一斉開葉．

子葉：種子植物の胚において，胚軸の上端に着いた1〜十数個の葉．種子植物の個体発生において最初に発生する葉であり，胚乳を吸収して胚軸に移すとともに，子葉自体に養分を貯蔵して幼植物に供給し，その成長を支える．さらに，植物によっては地上部に展開して光合成も行う．

上胚軸：種子植物の胚において，子葉よりも先端側に位置し，茎頂分裂組織があり，成長して茎や葉となる部分．

真正双子葉群：分子系統学による解析が進んだ結果，現生の被子植物には4つの単系統群，すなわち，原始的被子植物群，モクレン群，単子葉群，真正双子葉群が認められるようになった．その中で，真正双子葉群は最後に分岐した分類群で，現生の被子植物の4分の3に相当する約17万5千種から構成される．

スンダランド：生物地理学において，マレー半島からボルネオ島，スマトラ島，ジャワ島とその周囲の島嶼を含む地域．氷期には，現在は海となっている島間の地域が陸化し，チャオプラヤー川（現在はタイ国内を流れる）下流域の広大な沖積平野となっていたと推定されている．

節（分類群の）：生物の分類階級のひとつで，属と種の中間の分類群に用いる．

相観：植物群落の外観．群落を構成する優占的な植物の生活形や密度によって特徴づけられる．単なる外形ではなく，季節性や生活史を含んだものとして認識する．例えば，高木，低木，ヤシな

ど植物体の大きさや形に関する区分，常緑性か落葉性か，針葉樹か広葉樹か，などによって区別する．19世紀初頭，アレキサンダー・フォン・フンボルトによって提唱され，それ以来，群落を大きく区分する上で使用されてきた．

送粉様式：種子植物において，花粉が雌しべに運ばれて受粉する様式．風媒：風によって運ばれる，虫媒：昆虫が運ぶ，鳥媒：鳥が運ぶ，水媒：水によって運ばれる，などがある．

胎座：胎座は胚珠の着く子房壁の内面を指し，胚珠の着き方によって，中軸胎座，側膜胎座，縁辺胎座など，いくつかのタイプに分けられている．中軸胎座は子房中央に軸（内側に巻き込んだ心皮の縁が癒合して作る）が発達し，そこに胚珠が着いているタイプを指す．

担子菌：担子菌門．菌類のうち，発芽した胞子が糸状体と呼ばれる管状の形をとり，胞子形成にあたっては，減数分裂後，胞子を細胞外に形成する担子器と呼ばれる器官を持つ菌類．多くが，子実体（いわゆるキノコ）を作る．

地下子葉：発芽後も地上に展開することなく，地表や地下に留まって，もっぱら貯蔵物質を実生に供給する子葉．

地上子葉：発芽後，地上に展開して光合成を行い，自身の貯蔵物質とともに実生に栄養を供給する子葉．幼植物の成長に伴って早晩，その役割を終え，地上に落下する．

虫えい：他の生物が，茎や葉など植物体内に侵入することにより，その周囲の植物細胞が異常に発達して膨れ，こぶ状になったもの．原因となる生物の種類ごとに，特有の形状のこぶが形成され，区別できる．原因となる生物は昆虫やダニ，菌類など様々であるが，

中でもタマバチ科や，タマバエ科の昆虫が最も代表的なものである．

中軸維管束：中軸胎座において，中軸内を走行している維管束．

中軸胎座："胎座"を参照

柱頭：雌しべの一部で，受粉する部位．粘液を出したり，微細な凹凸があったりして花粉が付着しやすくなっている．また，表皮が無くて細胞間の結合が緩く，発芽した花粉の花粉管が，この部分の細胞間隙を通して，胚珠の方向に伸びて行くことが出来る．

トリコーム：植物に生える"毛"は表皮細胞が変化したもので，動物の"毛"とは全く異なる組織なので，形態学的にはトリコームと呼んで区別する．形により腺毛，星状毛，鱗片毛など様々に区分され，種類を同定する際の重要な手掛かりとなる．

トレードオフ：生物では，2つの形質について，片方の形質が増えると，もう一方の形質が減る現象がしばしば観察される．これをトレードオフという．一定量の資源，例えば，光合成によって生産された物質を複数の器官に配分する場合や，動物が餌を探索する時間と摂食する時間などとの間にはトレードオフ関係が想定される．

二出集散花序：花序の軸の一カ所から2本の枝が出る花序．図3-21参照．

ニッチ：生態的地位．生態系において，食物連鎖や生息環境の中で，その種が置かれている位置，役割．

胚：個体発生初期の未発達な生物体で，種子植物にあっては胚珠（種子）内に作られる．種子植物の胚は，幼根，胚軸，上胚軸，子葉から構成される．

胚軸：種子植物の胚において，子葉よりも基部側，幼根との中間に位置する部分．

胚珠：心皮の内側の組織が隆起してできた構造で，内側に卵細胞，受精後は胚を包み込み，成熟して種子となる器官．

胚乳：種子の内側にあって，養分を貯蔵し，胚を取り囲んで，養分を供給する細胞群．裸子植物では，受精前の造卵器以外の細胞群が変化して出来る（一次胚乳）が，被子植物では，重複受精によって2個の極核が1個の精核と受精して作られる細胞群が変化してできる（二次胚乳）．

花殻斗 flower cupule：ブナ科の植物において，内側に1個の花を含む殻斗．果実は，成長途中で一部が殻斗から露出し，成熟後，落下するか，もしくは成熟しても殻斗に包まれたまま落下する．

ハプロタイプ：生物がもっている単一の染色体上の遺伝的な構成（DNA配列）．ミトコンドリアDNAや葉緑体DNAのハプロタイプは，生物集団における母系を推定するのに用いられる．ハプロタイプには多様性があり，生物集団間のハプロタイプを比較することで，その生物集団がたどってきた移住の過程や，過去の分布変遷を推定することができる．

板根：樹幹の基部に作られた，平たい板状の張り出し．熱帯の樹木で，特徴的に観察される．樹木が倒れにくくなる効果があると考えられている．

腐生菌：生物の遺体や排泄物，それらの分解途中のものを栄養源として生活する菌類．

フェノロジー：生物の個体や集団が示す季節的変化の総称（生物季節）．または，それを研究する学問分野（生物季節学）．

分子系統学：生物の持つ DNA や RNA の塩基配列，タンパク質のアミノ酸配列を比較することで，これらの生物の進化してきた道筋（系統）を推定する学問分野．

苞（苞葉）：花あるいは花序の基部にあり，普通葉とは大きさや色，形が異なる葉．

萌芽：草木が，主に地上部の基部付近や地下茎，根から，新しいシュートを伸ばして茎や葉を展開すること．

マイクロサテライト：細胞内の核やオルガネラのゲノム上に存在する塩基の反復配列で，とくに数塩基の単位配列の繰り返しからなるものである．繰り返しの回数には同一家系内でも変異があり，分子遺伝学において，親子解析や集団遺伝学，連鎖地図の作製などに用いられる．

マレシア：マレシア Malesia は植物地理学上の地域区分のひとつで，マレー半島南部からスマトラ，ボルネオ島，ジャワ，スラウェシ，フィリピン，ニューギニアなど，東南アジアの島嶼部を含む地域である．国名のマレーシア Malaysia とは異なる．

実生：厳密には，種子植物において，子葉または第一葉を着けた状態の幼植物を指す．機能的には，自己の光合成によらず，種子に貯えられた養分によって生活している段階の植物である．しかし，その範囲はあいまいで，生態学においてはしばしば幼植物全体を指すものとして用いられる．

蜜腺：植物において蜜を出す組織．多くの植物では，花の雄しべや雌しべの付け根付近にあるが（花内蜜腺），植物によっては葉や茎に蜜腺（花外蜜腺）を持つものもある．

面積効果（種多様性の）：様々な大きさの島で，島ごとの種数を比

較すると大きな島ほど種数が大きいことが多い．これは，小さな島ほど種の絶滅確率が高く，逆に，大きな島ほど，環境条件の多様性が高く，様々な種が生活可能なためと考えられている．

幼根：種子植物の胚において，子葉の反対側に位置し，根端分裂組織があり，成長して根になる組織．

ラマスシュート：一斉開葉する種においても，生育条件の良好な年には，開葉とシュートの伸長を，間欠的に複数回，繰り返して成長する場合がある．2度目以降に伸長するシュートをラマスシュートと呼ぶ．別名，土用芽．

離層：花や果実，葉や枝，樹皮などの器官を植物体から分離するため，器官の基部に形成される特殊な組織．主に短い柔細胞（維管束の場合は仮道管）からなり，構造的に弱くて壊れやすい．分離脱落面には，植物体保護のため，器官の分離前あるいは分離後に，コルク層が形成されることが多い．

鱗片葉：光合成を行わず，普通葉よりも著しく小型化して，魚の鱗のようになった葉．未熟な花や芽を保護するために形成されることが多い．

引用文献

阿部信之・木村憲一郎・橋本良二．1997．コナラおよびミズナラの実生の成長・発達と種子重．岩手大学農学部演習林報告 28：13-25．

Aguirre-Acosta, N., J. D. Palacio-Mejia, D. J. Barrios-Leal and J. E. Botero-Echeverry. 2013. Diversity and genetic structure of the monotypic genus *Colombobalanus* (Fagaceae) in southeast of Colombian Andeans. Caldasia 35: 123-133.

Aizen, M. A. and H. Woodcock. 1992. Latitudinal trends in acron size in eastern North American species of *Quercus*. Can. J. Bot. 70: 1218-1222.

Aizen, M. A. and H. Woodcock. 1996. Effects of acorn size on seedling survival and growth in *Quercus rubra* following simulated spring freeze. Can. J. Bot. 74: 308-314.

Aldana, C. A. P., M. C. D. Gómez and F. H. M. Hurtado. 2011. Natural regeneration of black oak (*Colombobalanus excelsa*, Fagaceae) in two populations from the Cordillera Oriental of the Colombian Andes. Rev. Fac. Nal. Agr. Medellín 64: 6175-6189. (In Spanish with English abstract)

Alexander, I. J. 2006. Ectomycorrhizas – out of Africa? New Pytol. 172: 589-591.

Anderson, J. A. R., A. C. Jermy and G. G-H. Earl of Cranbrrok. 1982. Gunung Mulu National Park, a management and development plan. 321pp. Royal Geographical Society, London.

Aoki, K., S. Ueno, T. Kamijo, H. Setoguchi, N. Murakami, M. Kato and Y. Tsumura. 2014. Genetic differentiation and genetic diversity of *Casatanopsis* (Fagaceae), the dominant tree species in Japanese broadleaved evergreen forests, revealed by analysis of EST-associated microsatellites. PLOS ONE 6: e87429.

APG (The Angiosperm Phylogeny Group) 2009. "An update of the Angiosperm Phylogeny Group classification for the orders and families of flowering plants: APG III" (pdf). Bot. J. Linn. Soc. 161: 105-121. doi:10.1111/j.1095-8339.2009.00996.x.

Asada, M. and K. Ochiai. 2009. Sika deer in an evergreen broad-leaved forest zone on the Boso Peninsula, Japan. In: McCullough, D. R., S. Takatsuki and K. Kaji (eds.),

Biology and management of native and introduced populations, pp.385-404. Springer.

浅野貞夫. 1995. 原色図鑑 芽生えとたね―植物3態／芽ばえ・種子・成植物―. 280pp. 全国農村教育協会, 東京.

Ashton, P. 2014. On the forests of tropical Asia. Lest the memory of fade. 670pp. Kew Publishing, London.

Barbour, M. G. and W. D. Billings (eds.). 1988. North American terrestrial vegetation. 434pp. Cambridge Univ. Press, Cambridge.

Barnett, E. C. 1942. The Fagaceae of Thailand and their geographical distribution. Transactions of the Botanical Societies of Edinburgh 33: 327-343.

Barrón, E., A. Averyanova, Z. Kvaček, A. Momohara, K. B. Pigg, S. Popova, J. M. Postigo-Mijarra, B. H. Tiffney, T. Utescher and Z. K. Zhou. 2017. The fossil history of *Quercus*. In: E. Gil-Peregrin et al. (eds.), Oak Pysiological Ecology. Exploring the functional diversity of Genus *Quercus* L., Tree Physiology 7, pp. 39-105. Springer International Publishing.

Baskin, C. C. and J. M. Baskin. 1998. Ecology, biogeography, and evolution of dormancy and germination. 666pp. Academic Press, San Diego.

Beaman, J. H., C. Anderson and R. S. Beaman. 2001. The plants of Mount Kinabalu. 4. dicotyledon families Acanthaceae to Lythraceae. 570pp. Natural History Publications (Borneo) Sdn. Bhd., Kotak Kinabalu in association with The Royal Botanic Gardens, Kew, Richmond.

Benson, M. 1894. Contribution to the embryology of the Amentiferae. Part I. Transactions of the Linnean Society of London, 2nd series, Botany 3: 409-424. 原著未見

Blakesley, D., S. Elliott, C. Kuarak, P. Navakitbumrung, S. Zangkum and V. Anusarnsunthorn. 2002. Propagating framework tree species to restore seasonally dry tropical forest: implications of seasonal seed dispersal and dormancy. For. Ecol. Manag. 164: 31-38.

Bonfil, C. 1998. The effects of seed size, cotyledon reserves, and herbivory on seedling survival and growth in *Quercus rugosa* and *Q. laurina* (Fagaceae). Ame. J. Bot. 85: 79-87.

Bonito, A., L. Varone and L. Gratani. 2011. Relationship between acorn size and seedling morphological and physiological traits of *Quercus ilex* L. from different climates. Photosynthetica 49: 75-86.

Borgardt, S. J. and K. B. Pigg. 1999. Anatomical and developmental study of petrified *Quercus* (Fagaceae) fruits from the middle Miocene, Yakima Canyon, Washington, USA. Amer. J. Bot. 86: 307-325.

Borgardt, S. J. and K. C. Nixon. 2003. A comparative flower and fruit anatomical study of *Quercus acutissima*, a biennial-fruiting oak from the *Cerris* group (Fagaceae). Amer. J. Bot. 90 (11): 1567-1584

Braun, E. L. 1950. Deciduous forests of eastern North Ameica. 596pp. The Blankiston Company, Philadelphia · Tronto.

Brett, D. W. 1964. The inflorescence of *Fagus* and *Castanea* and the evolution of the cupules of the Fagaceae. New Phytol. 63: 96-118.

Burger, D. 1982. Seedlings of some tropical trees and shrubs mainly of Southe East Asia. 399pp. Center for Agricultural Publishing and Documentation, Wageningen.

Caldecott, J. O., R. A. Blouch and A. A. Macdonald. 1993. The bearded pig (*Sus barbatus*) In Oliver, W. L. R. (ed.), Pigs, peccaries and hippos. pp. 136-145. IUCN.

Camus A. 1952-1954. Monographie du genre Quercus. Tome III (2ième partie). Genre *Quercus*. Sous-genre *Euquercus* (sections *Protobalanus* et *Erythrobalanus*). Monographie du genre *Lithocarpus* Editions Paul Lechevalier (Paris). Encyclopédie économique de sylviculture VIII. 650 pages

Camus, A. 1929. Les châtaigniers: monographie des genres *Castanea* et *Castanopsis*. 604pp., 28figures. Editions Paul Lechevalier, Paris.

Cannon, C. H. 2001. Morphological and Molecular Diversity in *Lithocarpus* (Fagaceae) of Mount Kinabalu. Sabah Parks Nature Journal 4: 45-69.

Cannon, C.H. and P. S. Manos. 2001. Combining and comparing continuous morphometric descriptors with a molecular phylogeny: the case of fruit evolution in the Bornean *Lithocarpus* (Fagaceae). Systematic Biology 50: 1-21.

Cannon, C. H. and P. S. Manos. 2003. Phylogeography of the Southeast Asian stone oaks (*Lithocarpus*). J. Biogeogr. 30: 211-226.

Cao, K-F. and R. Peters. 1997. Species diversity of Chinese beech forests in relation to warmth and climatic disturbances. Ecol. Res. 12: 175-189.

Cavender‑Bares, J., A. González‑Rodríguez, D. A. R. Eaton, A. A. L. Hipp, A. Beulke and P. S. Manos. 2015 Phylogeny and biogeography of the American live oaks (*Quercus* subsection *Virentes*): a genomic and population genetics approach. Molecular Ecology 24. https://doi.org/10.1111/mec.13269

Cecich, R. A. 1997. Pollen tube growth in *Quercus*. Forest Science 43: 140-146.

Chai, P. P. K. 2000. Forest types. In: Soepadmo, E. and P. P. K. Chai (eds.), Development of Lanjak-Entimau Wildlife Sanctuary as a totally protedted area, Phase I and Phase II, pp.23-48. International Tropical Timber Organization and Sarawak Forest Department.

Chang, G. and Z. Zhang. 2014. Functional traits determine formation of mutualism and predation interactions in seed-rodent dispersal system of a subtropical forest. Acta Oecologica 55: 43-50.

Chang, G., Z. Xiao and Z. Zhang. 2009. Hoarding decisions by Edward's long-tailed rats (*Leopoldamys edwardsi*) and South China field mice (*Apodemus draco*): The responses to seed size and germination schedule in acorns. Behavioural Processes 82: 7-11.

Chen, X., C. H. Cannon, and N. L. Conklin-Brittan. 2012. Evidence for a trade-off strategy in stone oak (*Lithocarpus*) seeds between physical and chemical defense highlights fiber as an important antifeedant. PLOS ONE 7: e32890.

千羽晋示. 1966. オシドリ Mandarin Duck の食性. 自然科学と博物館 33: 46-69.

Chou, F-S., W-C. Lin, Y-H. Chen and J-B. Tsai. 2011. Seed fate of *Castanopsis indica* (Fagaceae) in a subtropical evergreen broadleaved forest. Botanical Studies 52: 321-326.

Chung-MacCoubrey, A. L., A. E. Hagerman and R. L. Kirkpatrick. 1997. Effects of tannins on digestion and detoxifi-cation activity in gray squirrels (*Sciurus carolinensis*). Physiological Zoology 70: 270-277.

Cockburn, P. F. 1972. Fagaceae. In Whitomore, T. C. (ed.), Tree flora of Malaya, vol.1. pp.196-232. Longman Malaysia, Kuala Lumpur.

Connell, J. H. 1971. On the role of natural enemies in preventing competitive exclusion in some marine animals and in rain forest trees. In: van der Boer P. J and G. R. Gradwell (eds.), Dynamics of populations, pp.298-312. Center for Agricultural Publication and Documentation, Wageningen.

Connell, J. H. and M. D. Lowman. 1989. Low-diversity tropical rain forests: some possible mechanisms for their existence. Ame. Nat. 134: 88-119.

Crepet, W. L. 1989. History and implications of the early North America foosil record of Fagaceae. In: Crane, P. R. and S. Blackmore (eds.), Evolution, systematics, and fossil history of the Hamamelidae, vol. 2, Higher Hamamelidae. Systematics Association Special Volume No. 40B, pp.45-66. Clarendon Press, Oxford.

Crepet, W. L. and C. P. Daghlian. 1980. Castaneoid inflorescences from the middle Eocene of Tennessee and the diagnostic value of pollen (at the subfamily level) in the Fagaceae. Am. J. Bot. 7 : 739-757.

Crepet, W. L. and K. C. Nixon 1989a. Earliest megafossil evidence of Fagaceae: phylogenetic and biogeographic implications. Amer. J. Bot. 76: 842-855.

Crepet, W. L. and K. C. Nixon 1989b. Extinct transitional Fagaceae from the Oligocene and their phylogetnetic implications. Amer. J. Bot. 76: 1493-1505.

Crepet, W. L., K. C. Nixon and M. A. Gandorfo. 2004. Fossil evidence and phylogeny: the age of major angiosperm clades based on mesofossil and macrofossil evidence from Cretaceous deposits. Amer. J. Bot. 91: 1666-1682.

Curran, L. M. and M. Leighton. 2000. Vertebrate responses to spatiotemporal variation in seed production of mast-fruiting Dipterocarpaceae. Ecol. Monogr. 70: 101-128.

Dahl, A.E. and M. Frederikson. 1996. The timetable for development of maternal tissues sets the stage for male genomic selection in *Betula pendula* (Betulaceae). Amer. J. Bot. 83: 895-902.

Davis, M. B. 1983. Quaternary history of deciduous forests of eastern North America and Europe. Ann. Missouri Bot. Gard. 70: 550-563.

Dawson, M. R. 2003. Paleogene rodents of Eurasia. Deinsea 10: 97-126.

Del Tredici, P. 2001. Sprouting in temperate trees: a morphological and ecological review. The Botanical Review 67: 121-140.

Delcourt, H. R. and P. A. Delcourt. 1988. Eastern deciduous forests. In Barbour, M. G. and W. D. Billings (eds.), North American Terrestrial Vegetation, 2nd ed., pp.

357-395. Cambridge University Press, Cambridge.

Deng, M., Z. Zhou and Q. Li. 2013. Taxonomy and systematics of *Quercus* subgenus *Cyclobalanopsis*. Journal of the International Oak Society No.24: 48-60.

Deng, M., Z-K. Zhou, Y-Q. Chen and W-B. Sun. 2008. Systematic significance of the development and anatomy of flowers and fruit of *Quercus schottkyana* (subgenus *Cyclobalanopsis*: Fagaceae)

Denk, T. 2003. Phylogeny of *Fagus* L. (Fagaceae) based on morphological data. Plant Systematics and Evolution 240: 55-81.

Denk, T. and G. W. Grimm. 2009. Significance of pollen characteristics for infrageneric classification and phylogeny in *Quercus* (Fagaceae). Int. J. Plant Sci. 170: 926-940.

Denk, T. and G. W. Grimm. 2010. The oaks of western Eurasia: traditional classifications and evidence from two nuclear markers. Taxon 59: 351-366.

Denk, T., F. Grimsson and R. Zetter. 2012. Fagaceae from the early Oligocene of Central Europe: Persisting new world and emerging old world biogeographic links. Review of paleobotany and palynology 169: 7-20.

Denk, T., G. W. Grimm, P. S. Manos, M. Deng and A. L. Hipp. 2017. An updated infrageneric classification of the oaks: review of previous taxonomic schemes and synthesis of evolutionary patterns. In: Gil-Pelegrín, E. et al. (eds.), Oaks physiological ecology. Exploring the functional diversity of genus *Quercus* L., Tree Physiology 7, pp.13-38, Apringer International Publishing.

Denk, T., G. W. Grimm and V. Hemleben. 2005. Patterns of molecular and morphological differentiation in *Fagus* (Fagaceae): phylogenetic implications. Amer. J. Bot. 92: 1006-1016.

Dickie, I. A. and P. B. Reich. 2005. Ectomycorrhizal fungal communities at forest edges. J. Ecol. 93: 244-255.

Dickie, I. A., S. A. Schnitzer, P. B. Reich and S. E. Hobbie. 2005. Spatially disjunct effects of co-occurring competition and facilitation. Ecol. Lett. 8: 1191-1200.

Dickie, I. A., S. A. Schnitzer, P. B. Reich and S. E. Hobbie. 2007. Is oak establishment in old-fields and savanna openings context dependent? J. Ecol. 95: 309-320.

Eichler, A. W. 1878. "Cupuliferae" in Blütendiagramme 2, Wilhelm Engelmann, Leipzig: 20-32. 原著未見

Ellsworth, J. W. and B. C. McComb. 2003. Potential effects of passenger pigeon flocks on the structure and composition of presettlement forests of eastern North America. Coserv. Biol. 17: 1548-1558.

Fisher, W. K. 1906. An acorn store-house of the California Woodpecker. Condor 13:107

Forman, L. L. 1964. Trigonobalanus, a new genus of Fagaceae, with notes on the classification of the family. Kew Bull. 17: 381-396.

Forman, L. L. 1966. On the evolution of cupules in Fagaceae. Kew Bull. 18: 385-419.

Fox, J. F. 1982. Adaptation of gray squirrel behavior to autumn germination by white oak acorns. Evolution 36: 800-809.

Frank, J. L., S. Anglin, E. M. Carrington, D. S. Taylor, B. Viratos and D. Southwortha. 2009. Rodent dispersal of fungal spores promotes seedling establishment away from mycorrhizal networks on *Quercus garryana*. Botany 87: 821-829.

Franklin, J. F. and C. B. Halpern. 1988. Pacific northwest forests. In: Barbour, M. G. and W. D. Billings (eds.) North American teresstrial vegetation, pp.123-159. Cambridge University Press, Cambridge.

藤岡一男．1963．阿仁合型植物群と台島型植物群．化石 5 ：39-50．

深澤遊・九石太樹・清和研二．2013．境界の地下はどうなっているのか―菌根菌群集と実生更新との関係―．日生態会誌 63：239-249．

Fukumoto, H. and H Kajimura. 1999. Seed-insect fauna of pre-dispersal acorns and acorn seasonal fall patterns of *Quercus variabilis* and *Q. serrata* in central Japan. Entomological Science 2: 197-203.

Fukumoto, H. and H. Kajimura. 2001. Guild structures of seed insects in relation to acorn development in two oak species. Ecol. Res. 16: 145-155.

García-Nogales, A., J. C. Linares, R. G. Laureano, J. J. Seco and J. Merino. 2016. Range-wide variation in life-history phenotypes: spationtemporal plasticity across the latitudinal gradient of the evergreen aok *Quercus ilex*. J. Biogeogr. 43: 2366-2379.

Gee, C. T., P. M. Sander and B. E. M. Petzelberger. 2003. A Miocene rodent nut cache in coastal dunes of the Lower Rhine Embayment, Germany. Palaeontology 46: 1133-1149.

Gnilovskaya, A. A. and L. B. Golovneva. 2016. Fagaceous foliage from the latest Cretaceous of the Koryak Upland (northteastern Russia) and its impilcations for the evolutionary history of Fagaceae. Review of Palaeobotany and Palynology 228: 57-68.

Govaerts, Rafaël and D. G. Frodin. 1998. World checklist and bibliography of Fagales (Betulaceae, Corylaceae, Fagaceae and Tichodendraceae). The Royal Botanic Gardens, Kew.

Grodziński, W. and K. Sawicka-Kapusta. 1970. Energy values of tree-seeds eaten by small mammals. Oikos 21: 52-58.

Gugger, P. F. and J. Cavender-Bares. 2011. Molecular and morphological support for a Florida origin of the Cuban Oak. J. Biogeogr. 40:632-645.

Hara, M. 1991. Comparison of seedling stages in species of Fagaceae in Bhutan. In: Ohsawa, M. (ed.), Life Zone ecology of the Bhutan Himalaya II, pp.171-188. Laboratory of Ecology, Chiba University, Chiba.

Hara, M., M. Kanzaki, T. Mizuno, H. Noguchi, K. Sri-Ngernyuang, S. Teejuntuk, C. Sungpalee, T. Ohkubo, T. Yamakura, P. Sahunalu, P. Dhanmanonda and S. Bunyavejchewin. 2002. The floristic composition of tropical montane forest in Doi Inthanon National Park, northern Thailand with a special reference to its phytogeographical relation with montane forests in tropical Asia. Natural History Research 7: 1-17.

原正利．1995．世界のブナ林とナラ林．In：大場達之（編），週間朝日百科植物の世界　第71号．夏緑林―温帯の森の植物たち，pp.167-172．朝日新聞社，東京．

原正利．1997．世界の照葉樹林．In：原正利・米林仲（編）　照葉樹林の生態学，pp.15-30．千葉県立中央博物館，千葉．

橋本幸彦・高槻成紀．1997．ツキノワグマの食性：総説．哺乳類科学　37：1-19．

橋詰隼人．1979．ブナ種子の発育にともなう化学成分の変化．日林誌　61：342-345．

橋詰隼人．1980．落葉性コナラ属種子の休眠と発芽に関する研究．広葉樹研究　1：49-58．

橋詰隼人．1982．ブナ稚苗の生育と陽光量との関係．鳥取大学農学部演習林報告　34：82-88．

橋詰隼人．1987．自然林におけるブナ科植物の生殖器官の生産と散布．広葉樹研究 4：271-290．

橋詰隼人・福富章．1978．ブナの果実および種子の発達と成熟．日林誌 60：163〜168．

橋詰隼人・尾崎栄一．1979．クヌギおよびコナラの果実の発達と成熟．鳥大農研報 31：189-195．

Herendeen, P. S., P. R. Crane and A. N. Drinnan. 1995. Fagaceous flowers, fruits and cupules from the Campanian (Late Cretaceous) of central Gerogia, USA. Int. J. Plant. Sci. 156: 93-116.

Hibbett, D. S., L-B. Gilbert and M. J. Donoghue. 2000. Evolutionary instability of ectomycorrhizal symbioses in basidiomycetes. Nature 407: 506-508.

平山貴美子・町田英美・今井龍夫・山田怜史・高原光．2014．京都市近郊二次林におけるブナ科4種の実生発生特性―遷移段階の異なる林分での比較―．日林誌 96：251-260．

Hiroki, S. and K. Ichino. 1998. Comparison of growth habits under various light conditions between two climax species, *Castanopsis sieboldii* and *Castanopsis cuspidata*, with special reference to their shade tolerance. Ecol. Res. 13: 65-72.

広木詔三・松原輝男．1982．ブナ科植物の生態学的研究Ⅲ種子―実生期の比較生態学的研究．日生態会誌 32：227-240．

日浦勉・小山浩正・五十嵐恒夫．1992a．ブナ，ミズナラの種子と実生の形態の地理変異．日林北支論 40：53-55．

日浦勉・小山浩正・五十嵐恒夫．1992b．日本列島におけるミズナラ (*Quercus crispula*) の堅果重と気象因子との相関．植物地理・分類研究 45：35-37．

Hjelmquist, H. 1948. Studies on the floral morphology and phylogeny of the Amentiferae. Botaniska Notiser Supp. 2: 77-121. 原著未見

Hollick, A. 1909. A new genus of fossil Fagaceae from Colorado. Torreya 9: 1-3.

Hoshizaki, K., W. Suzuki and T. Nakashizuka. 1999. Evaluation of secondary dispersal in a large-seeded tree *Aesculus turbinata*: a test of directed dispersal. Plant Ecology 144: 167-176.

星崎和彦．2006．トチノキの種子とネズミの相互作用―ブナの豊凶で変わる

散布と捕食のパターン—. In：種生物学会（編），森林の生態学長期大規模研究から見えるもの，pp.63-82. 文一総合出版，東京.
堀田満. 1974. 植物の分布と分化. 400pp. 三省堂，東京.
堀田満. 2006. 屋久島の植物相とその成立. In：大澤雅彦・田川日出夫・山極寿一（編）. 世界遺産屋久島―亜熱帯の自然と生態系―, pp.37-56. 朝倉書店，東京.
http://english.vietnamnet.vn/fms/science-it/123461/vietnam-vows-to-conduct-scientific-research-at-biosphere-reserves.html
Huang, C., Y. Zhang and B. Bartholomew. 1999. Fagaceae. In Editorial Committee of Flora of China (ed.), Flora of China vol.4, pp.314-400. Science Press, Beijing and Missouri Botanical Garden, St. Louis.
Huang, S. S. F., S-Y. Hwang and T-P. Lin. 2002. Spatial pattern of chloroplast DNA variation of *Cyclobalanopsis glauca* in Taiwan and East Asia. Molecular Ecology 11: 2349-2358.
Hughes, J. B., P. D. Round and D. Woodruff. 2003. The Indochinese-Sundaic faunal transition at the Isthmus of Kra: an analysis of resident forest bird species distributions. J. Biogeogr. 30: 569-58.
Huntley, B. and H. J. B. Birks. 1983. An atlas of past and present pollen maps for Europe: 0-13000 years ago. 667pp., pls.34. Cambridge University Press, Cambridge.
市原優・升屋勇人・窪野高徳. 2005. ブナ林におけるブナ種子の腐敗に関与する菌類. 日本森林学会講演要旨集 116：580.
市原優・升屋勇人・窪野高徳. 2010. コナラとミズナラの堅果に対する *Ciboria batschiana* の病原性. 日林誌 92：100-105.
市野和夫. 1991. 東三河地方の森林植生について―II. スダジイ林とコジイ林―. 愛知大学総合郷土研究所紀要 36：112-118.
Iku, A., T. Itioka, A. Kawakita, H. Goto, A. Ueda., U. Shimizu-kaya and P. Meleng. 2018. High degree of polyphagy in a seed-eating bark beetle, *Coccotrypes gedeanus* (Coloptera: Curuculionidae: Scolytinae), during a community-wide fruiting event in a Bornean tropical rainforest. TROPICOS 27: 59-66.
五十嵐豊. 1996. ブナ林・ミズナラ林の種子生産と害虫. 森林総合研究所東北支所年報 37：39-44.

井上悦甫．1994．クリ毬果の害虫．In：小林富士雄・竹谷昭彦（編・著），森林昆虫―総論・各論―，pp.499-518．養賢堂，東京

Ishida, T. A., K. Nara and T. Hogetsu. 2006. Host effects on ectomycorrhizal fungal communities: insight from eight host species in mixed conifer-broadleaf forests. New Phytol. 174: 430-440.

石垣長健・新里孝和・新本光孝・呉立潮．2007．西表島におけるリュウキュウイノシシの餌植物と解体利用．琉球大学農学部学術報告　54：23-27．

Iwabuchi, Y., Y. Hoshino and T. Hukushima. 2006. Intraspecific variation of acorn traits of *Quercus serrata* Thunb. in Kanto region, central Japan. Vegetation Science 23: 81-88.

Jacobs, L. F. 1992. The effect of handling time on the decision to cache by grey rodents. Animal Behaviour 43: 522-524.

Janis, C. M. 1993. Tertiary mammal evolution in the context of changing climate, vegetation and tectonic events. A. Rev. Ecol. Syst. 24: 467-500.

Janzen, D. H. 1970. Herbivores and the number of tree species in tropical forests. Amer. Nat. 104: 501-528.

金振州．2005．雲南植被生態学与植物地理学研究―金振州論文選集．472pp．雲南大学出版社，昆明．

Johnson, W. C. and C. S. Adkisson. 1985. Dispersal of beech nuts by Blue Jays in fragmented landscapes. Am. Midl. Nat. 113: 319-324.

片岡裕子・守田益宗．1999．日本産シイ属・マテバシイ属・クリ属花粉の粒径について．学校法人加計学園自然植物園研究報告　3：15-18．

鎌田直人．2005．昆虫たちの森．329pp．東海大学出版会，平塚．

鎌田直人．2008．ブナの種子食昆虫―加害種の生活史と共存機構―．In：寺澤和彦・小山浩正（編），ブナ林再生の応用生態学．pp.53-70．文一総合出版，東京．

Kamiya, K., K. Harada, K. Ogino, M. M. Clyde and A. M. Latiff. 2003.Phylogeny and genetic variation of Fagaceae in tropical montane forests. TROPICS 13: 119-125

Kanzaki, M., M. Hara, T. Yamakura, T. Ohkubo, M. N. Tamura, K. Sri-ngeryuang, P. Sahunalu, S. Teejuntuk and S. Bunyavejchwin. 2004. Doi Inthanon Forest Dynamics Plot, Thailand. In: Losos, E. C. and Leigh, E, Junior (eds.), Tropical forest diversity and dynamism, pp.474-481.The University of Chicago Press, Chicago.

Kappele, M. 2006. Structure and composition of Cosata Rican monatne oak forests.. In: Kappelle, M. (ed.), Ecology and conservation of tropical montane oak forests, pp. 128-139. Springer, Berlin.

勝田柾. 1998. クリ属. In：勝田柾・森徳典・横山敏孝, 日本の樹木種子広葉樹編, pp.83-87. 林木育種協会, 東京.

勝田柾・横山敏孝. 1998. シイノキ属. In：勝田柾・森徳典・横山敏孝, 日本の樹木種子広葉樹編, pp.88-92. 林木育種協会, 東京.

Kaul, R. B. 1986. Evolution and reproductive biology of inflorescences in *Lithocarpus*, *Castanopsis*, *Castanea*, and *Quercus* (Fagaceae). Annals of Missouri Botanical Garden 73: 284-296.

Kaul, R. B., E. C. Abbe and l. B. Abbe 1986. Reproductive phenology of the oak family (Fagaceae) in the lowland rainforest of Borneo. Biotropica 18: 51-55.

Kayama, M. and T. Yamanaka. 2014. Growth characteristics of ectomycorrhizal seedlings of *Quercus glauca*, *Quercus salicina*, and *Castanopsis cuspidata* planted on acidic soil. Trees 28: 569-583.

Kennedy, P. G., A. D. Izzo and T. D. Bruns. 2003. There is high potential for the formation of common mycorrhizal networks between understorey and canopy trees in a mixed evergreen forest. J. Ecol. 91: 1071-1080.

Kennedy, P. G., N. J. Hausmann, E. H. Wenk and T. E. Dawson. 2004. The importance of seed reserves for seedling performance: an integrated approach using morphological, physiological, and stabl isotope techniques. Oecologia 141: 547-554.

菊沢喜八郎. 1986. 北の国の雑木林ツリー・ウォッチング入門. 220pp. 蒼樹書房, 東京.

木村有紀・坂口美香・村岡里香・小櫃剛人・谷田創. 2009. 広島県呉市上蒲刈島におけるイノシシの食性. 哺乳類科学 49：207-215.

木村政昭. 2002. 琉球弧の成立と古地理. In：木村政昭（編）, 琉球弧の成立と生物の渡来, pp.19-54. 沖縄タイムス社, 那覇.

Kitayama, K. 1992. An altitudinal transect study of the vegetation survey on Mount

Kinabalu, Borneo. Vegetatio 102: 149-171.

木崎甲子郎・大城政昭．1977．琉球列島の古地理．月刊海洋科学，シンポジウム 94-95, 9：38-45.

小林義雄・緑川卓爾．1959．日本産ブナ科の樹木学的研究—コナラ属，シイノキ属，マテバシイ属　果実の成熟期間について—．林試研報 117：11-42, 13pl.

小林正秀・上田明良．2005．カシノナガキクイムシとその共生菌が関与するブナ科樹木の萎凋枯死—被害発生要因の解明を目指して—．日林誌 87：435-450.

小寺祐二・神崎伸夫・石川尚人・皆川晶子．2013．島根県石見地方におけるイノシシ（*Sus scrofa*）の食性．哺乳類科学 53：279-287.

Koehler, K., A. A. Center and J. Cavender-Bares. 2012. Evidence for a freezing tolerance-growth rate trade-off in the live oaks (*Quercus* series *Virentes*) across the topical-temperate divide. New Phytol. 193: 730-744.

Koenig, W. D., J. M. H. Knops, J. L. Dickinson and B. Zuckerberg. 2009. Latitudinal decrease in acorn size in bur oak (*Quercus macrocarpa*) is due to environmental constraints, not avian dispersal. Botany 87: 349-356.

黒田登美雄．1998．南西諸島の植生史．In：安田喜憲・三好教夫（編），図説日本列島植生史，pp.162-175．朝倉書店，東京．

黒田登美雄・小澤智生．1996．花粉分析からみた琉球列島の植生変遷と古気候．地学雑誌 105：328-342.

黒田登美雄・小澤智生・古川博恭．2002．古生物からみた琉球弧の古環境．In：木村政昭（編），琉球弧の成立と生物の渡来，pp.85-102．沖縄タイムス社，那覇．

Kvaček, Z. and H. Walther. 1989. Paleobotanical studies in Fagaceae of the European Tertiary. Plant Systematics and Evolution 162: 213-229.

Lang, P., F. F. Dane and T. L. Kubisiak. 2006. Phylogeny of *Castanea* (Fagaceae) based on chloroplast trnT-L-F sequence data. Tree Genetics and Genomes 2: 132-139.

Larson-Johnson, K. 2016. Phylogenetic investigation of the complex evolutionary history of dispersal mode and diversification rates across living and fossil Fagales. New Phytol. 209: 418-435.

Lehto, T. and J. J. Zwiazek. 2011. Ectomycorrhizas and water relations of trees: a review. Mycorrhiza 21: 71-90.

LePage, B. A., R. S. Currah, R. T. Stockey and G. W. Rothwell. 1997. Fossil ectomycorrhizae from the middle Eocene. Amer. J. Bot. 84: 410-412.

Li, Xiwen and D. Walker. 1986. The plant geography of Yunnan Province, southwest China. J. Biogeogr. 13: 367-397.

Liu, Y., G. Liu, Q. Li, Y. Liu, L. Hou and G-L. Li. 2012. Influence of pericarp, cotyledon and inhibitory substances on Sharp Tooth Oak (*Quercus aliena* var. *acuteserrata*) germination. PLOS ONE 7: e47682.

Luna-Vega, I., O. Alcántara-Ayala, C. A. Ruiz-Jiménez. 2006. Composition and structure of humid montane oak forests at different sites in central and eastern Mexico. In: Kappelle, M. (ed.), Ecology and conservation of tropical montane oak forests, pp. 101-112. Springer, Berlin.

MacLachlan, J. S., J. S. Clark and P. S. Manos. 2005. Molecular indicators of tree migration capacity under rapid climate change. Ecology: 2088-2098.

前藤薫. 1993a. 羊ケ丘天然林のミズナラ種子食昆虫—主要種の生活史と発芽能力への影響—. 日林北支論 41：88-90.

前藤薫. 1993b. 樹木の種子生産と食植性昆虫. 森林防疫 42：6-10.

Magri, D., G. G. Vendramin, B. Comps, I. Dupanloup, T. Geburek, D. Gömöry, M. Latalowa, T. Litt, L. Paule, J. M. Roure, I. Tantau, W. O. van der Knaap, R. J. Petit and J-L. de Beaulieu. 2006. A new scenario for the Quaternary history of European beech populations: palaeobotanical evidence and genetic consequences. New Phytol. 171: 199-221.

Maguire, K. L. 2007. Common ectomycorrhizal networks may maintain monodominance in a tropical rain forest. Ecology 88: 567-574.

Mai, D. H. 1970. Die Tertiären Arten von *Trigonobalanus* Forman (Fagaceae) in Europa. Jhrb. Geol. 3: 281-409. 原著未見

Mai, D. H. 1989. Fossile Funde von *Castanopsis* (D. Don) Spach (Fagaceae) und ihre Bedeutung für die europäischen Lorbeerwälder. Flora 182: 269-286.

Mai, D. H. and H. Walther. 1978. Die Floren der Haselbacher Serie im Weisselster-Becken (Bezirk Leipzig, DDR). Abhandlungen des Staatlichen Museums für

Mineralogie und Geologie Dresden 28, 1-200. 原著未見

Makita, N., Y. Hirano, T. Yamanaka, K. Yoshimura and Y. Kosugi. 2012. Ectomycorrhizal-fungi colonization induces physio-morphological changes in *Quercus serrata* leaves and roots. J. Plant Nutri. Sci. 175: 900-906.

Malloch, D. W., K. A. Pirozynski and P. H. Raven. 1980. Ecological and evolutionary significance of mycorrhizal symbiosis in arbuscular plants (a review). PNAS 77: 2113-2118.

Manchester, S. R. 1994. Fruits and seeds of the Middle Eocene Nut Beds flora, Clarno Formation, Oregon. Paleontogr. Amer. 58: 1-205.

Manchester, S. R. 1999. Biogeographical relationships of North American Tertiary floras. Annals of the Missouri Botanical Garden 86: 472-522.

Manchester, S. R. and P. R. Crane. 1983. Attached leaves, inflorescences, and fruits of *Fagopsis*, an extinct genus of Fagaceous affinity from the Oligocene Florissant flora of Colorado, U.S.A. Amer. J. Bot. 70: 1147-1164.

Manchester, S. R. and R. M. Dillhoff. 2004. *Fagus* (Fagaceae) fruits, foliage, and pollen from the Middle Eocene of Pacific northwestern North America. Can. J. Bot. 82: 1509-1517.

Manos, P. S. and A. M. Stanford. 2001. The historical biogeography of Fagaceae: tracking the tertiary history of temperate and subtropical forests of the northern hemisphere. Int. J. Plant Sci. 162 (6 suppl.): S77-S93.

Manos, P. S., C. H. Cannon and S-H. Oh. 2008. Phylogenetic relationships and taxonomic status of the paleoendemic Fagaceae of western North America: recognition of a new genus, *Notholithocarpus*. Madroño, 55: 181-190.

Manos, P. S., J. J. Doyle and K. C. Nixon. 1999. Phylogeny, biogeography, and processes of molecular differentiation in *Quercus* subgenus *Quercus* (Fagaceae). Molecular Phylogenetics and Evolution 12: 333-349.

Manos, P. S., Z. Zhou and C. H. Cannon. 2001. Systematics of Fagaceae: phylogenetic tests of reproductive trait evolution. Int. J. Plant Sci. 162: 1361-1379.

Massei, G., P. V. Genov and B. W. Stainesd. 1996. Food availability and reproduction of wild boar in a Mediterranean coastal area. Acta Theriologica 41: 307-320.

桝田長．1996．タマバチ科．In：湯川淳一・桝田長（編），日本原色虫えい図

鑑，pp.379-394．全国農村教育協会，東京．

松本通夫・山下昭道・松田弘毅・有福一郎．1997．ドングリの利用技術と澱粉の特性．近畿中国農業研究成果情報 1998：201-202.

Matsuda, K. 1982. Studies on the early phase of the regeneration of a konara oak (*Quercus serrata* Thunb.) secondary forest I. development and premature abscissions of konara oak acorns. Jpn. J. Ecol. 32: 293-302.

松井哲哉・飯田滋生・河原孝行・並川寛司・平川浩文．2010．ブナ（*Fagus crenata*）自生北限域における種子散布距離推定のための晩秋期のヤマガラ（*Parus varius*）の行動圏推定．日林誌 92：162-166.

松岡数充・西田史朗．1978．沖縄本島第四系の化石花粉（予報）．琉球列島の地質学研究 3：123-128.

松山利夫．1982．木の実．371pp．法政大学出版会，東京．

Maxwell, J. F. and S. Elliott. 2001. Vegetation and vascular flora of Doi Sutep-Pui national Park, northern Thailand. 205pp. The Biodiversity and Training Program (BRT), Bangkok.

McKee, A. 1990. *Casatanopsis chrysophylla* (Dougl.) A. DC. Giant Chinkapin. In: Burns, R. M. and B. H. Honkala (eds.), Silvics of North America, vol. 2, pp.234-239. Forest Service, US Department of Agriculture, Washington, DC.

Meave, J. A., A. Rincón and M. A. Romero-Romero. 2006. Oak forests of the hyper-humid region of La Chinatla, northern Oaxaca range, Mexico. In: Kappelle, M. (ed.), Ecology and conservation of tropical montane forests, pp. 113-125. Springer, Berlin.

Menitsky, Y. L. 2005. Oaks of Asia. 549pp. Science Publishers, Enfield.

箕口秀夫．1988．ブナ種子豊作後 2 年間の野ネズミ群集の動態．日林誌 70：472-480.

箕口秀夫．1993．野ネズミによる種子散布の生態的特性．In：鷲谷いずみ・大串隆之（編），シリーズ共生系 5 動物と植物の利用しあう関係，pp.236-253．平凡社，東京．

箕口秀夫・丸山幸平．1984．ブナ林の生態学的研究（XXXVI）豊作年の堅果の発達とその動態．日林誌 66：320-327.

三上進・北上彌逸．1983．ブナの花芽及び胚の発育過程とその時期．林木育

種場研究報告 1：1-14.

Mindell, R. A., R. A. Stockey and G. Beard. 2007. *Cascadiacarpa spinosa* Gen. et sp. nov. (Fagaceae): Castaneoid fruits from the Eocene of Vancouver island, Canada. Am. J. Bot. 64: 351-361.

水谷瑞希・中島春樹・小谷二郎・野上達也・多田雅充. 2013. 北陸地方におけるブナ科樹木の豊凶とクマ大量出没との関係. 日林誌 95：76-82.

Moiseeva, M. G. 2012. *Barykovia*, a new genus of angiosperms from the Campanian of northeastern Russia. Review of Palaeobotany and Palynology 178: 1-12.

Momohara, A. 1994. Floral and paleoenvironmental histry from the late Pleiocene to middle Pleistocene in and around central Japan. Palaeogeography, Palaeoclimatology and Palaeoecology. 108: 281-293.

Momohara, A. 2018. Influence of mountain formation on floral diversification in Japan, based on macrofossil evidence. In: Hoorn, C., A. Perrigo and A. Antonelli (eds.), Mountains, climate and biodiversity, 1st ed., pp. 459-473. John Wiley and Sons Ltd., New York.

百原新. 1996. ブナ科とブナ属の歴史. In：原正利（編）, ブナ林の自然誌, pp.55-65. 平凡社, 東京.

Momohara, A. 1992. Late Pliocene plant biostratigraphy of the lowermost part of the Osaka Group, southwestern Japan, with reference to extinction of plants. The Quaternary Research 31: 76-88.

百原新. 2010. 中部ヨーロッパと中部日本の新第三紀から第四紀への植物化石群変化の時期：気候変動との関連で. 第四紀研究 49：299-308.

Moore, J. E. and R. K. Swihart. 2006. Nut selection by captive Blue Jays: importance of availability and implications for seed dispersal. Condor 108: 377-388.

森本桂. 2011. 総論：日本のシギゾウムシ類. 昆虫と自然 46(5)：2-3.

Moyersoen, B. 2006. *Pakaraimaea dipterocarpacea* is ectomycorrhizal, indicating an ancient Gondwanaland origin for the ectomycorrhizal habit in Dipterocarpaceae. New Phytol. 172: 753-762.

Muller, C. H. 1942. Central American species of *Quercus*. 216pp. U. S. Department of Agriculture.

永戸豊野. 2001. 失われた野生動物リョコウバト. ニュートン 21：100-105.

Nakamura, K., T. Denda, G. Kokubugata, R. Suwa, T. Y. A. Yang, C-I. Peng and M. Yokota. 2010. Phylogeography of *Ophiorrhiza japonica* (Rubiaceae) in continental islands, the Ryukyu Archipelago, Japan. J. Biogeogr. 37: 1907-1918.

中村正博. 1986. ニホングリ (*Castanea crenata* Sieb. et Zucc.) の胚珠の発育について. 園芸学会雑誌 55：251-257.

中村正博. 1991. ニホングリ (*Castanea crenata* Sieb. et Zucc.) の生理的落下と胚珠の退化. 園芸学会雑誌 60：47-53.

中村正博. 1992a. ニホングリ (*Castanea crenata* Sieb. et Zucc.) の花柱の伸長と受粉適期. 園芸学会雑誌 61：265-271.

中村正博. 1992b. ニホングリ (*Castanea crenata* Sieb. et Zucc.) の柱頭の構造と花粉発芽. 園芸学会雑誌 61：295-302.

中村正博. 1994. ニホングリ (*Castanea crenata* Sieb. et Zucc.) の花粉管伸長と胚珠の退化. 園芸学会雑誌 63：277-282.

中村正博. 1996. クリの胚のう発達と胚乳および胚形成. 園芸学会雑誌 65 (別冊 3)：230-231.

中村正博. 2004. クリの果実構造. 園芸学会雑誌 73 (別冊 1)：75.

中村正博. 2005. クリの雌花の組織発達と種子発達. 園芸学会雑誌 74 (別冊 2)：140.

中村正博. 2006. クリの子房発達と糖濃度. 園芸学会雑誌 75 (別冊 2)：493.

中村正博. 2007. クリ果実の維管束走向. 園芸学会雑誌 76 (別冊 2)：476.

Nakamura, M., R. Hirata, K. Oish., T. Arakaki, N. Takamatsu, K. Hata and K. Sone. 2013. Determinant factors in the seedling establishment of *Pasania edulis* (Makino) Makino. Ecol. Res. 28: 811-820.

中村登流. 1970. 日本におけるカラ類群集構造の研究II摂食場所，食物の季節的変動および生態的分離. 山階鳥類研究所研究報告 6：141-169.

奈良一秀. 1998a. さまざまな菌根菌. In：金子繁・佐橋憲生 (編), ブナ林をはぐくむ菌類, pp.114-122. 文一総合出版, 東京.

奈良一秀. 1998b. 森林の中での菌根菌. In：金子繁・佐橋憲生 (編), ブナ林をはぐくむ菌類, pp.142-149. 文一総合出版, 東京.

Ng, F. S. P. 1991. Manual of forest fruits, seeds and seedlings, vol.1. 400pp. Forest

Research Institute of Malaysia, Kuala Lumpur.

Ng, S-C. and J-Y. Lin. 2008. A new distribution record of *Trigonobalanus verticillata* (Fagaceae) from Hainan Island, South China. Kew Bulletin 63: 341-344.

西田治文．2017．化石の植物学―時空を旅する自然史．310pp．東京大学出版会，東京．

西山嘉彦．1994．カシ類実生の初期成長．日林九支研論集．47：71-72．

Nixon, K. C. 1989. Origins of Fagaceae. In: Crane, P. R. and S. Blackmore (eds.), Evolution, systematics, and fossil history of the Hamamelidae, vol. 2, Higher Hamamelidae. Systematics Association Special Volume No. 40B, pp.23-43. Clarendon Press, Oxford.

Nixon, K. C. 1993. Infrageneric classification of *Quercus* (Fagaceae) and typification of sectional names. Ann. Sci. For. Suppl. 1 (Paris) 50: 25-34.

Nixon, K. C. 1997. Fagaceae, In: Flora of North America Editorial Committee (ed.), Flora of North America, North of Mexico, vol 3. Oxford Univ Press, New York, pp 436-437.

Nixon, K. C. 2006. Global and Neotropical distribution and diversity of oak (genus *Quercus*) and oak forests. In M. Kappelle (ed.), Ecology and conservation of Neotropical montane oak forests, pp.3-13. Springer-Verlag, Berlin.

Nixon, K. C. and W. L. Crepet. 1989. *Trigonobalanus* (Fagaceae): Taxonomic status and phylogenetic relationships. Amer. J. Bot. 76: 828-841.

Nixon, K. C., M. A. Gandorfo and W. L. Crepet. 2001. Origins of Fagaceae: a review of relevant Tutorian fossil material from New Jersey. Am. J. Bot. 88: 68 (Abstract).

Noguchi, H., A. Itoh, T. Mizuno, K. Sri-ngernyuang, M. Kanzaki, S. Teejuntuk, W. Sungpalee, M. Hara, T. Ohkubo, P. Sahunalu, P. Dhanmmanonda and T. Yamakura. 2007. Habitat divergence in sympatric Fagaceae tree species of a tropical montane forest in northern Thailand. Journal of Tropical Ecology 23: 549-558.

Ochiai, K. 1999. Diet of the Japanese serow (*Capricornis crispus*) on the Shimokita Peninsula, northern Japan, in reference to variations with a 16-year interval. Mammal Study 24: 91-102.

落合啓二．2016．ニホンカモシカ―行動と生態．290pp．東京大学出版会，東

京.

小川真. 1992. 菌と植物の共生. In：大串隆之（編），さまざまな共生—生物種間の多様な相互関係, pp.25-51. 平凡社, 東京.

Oh, S-H., J-W Youm., Y-I. Kim and Y-D. Kim. 2016. Phylogeny and evolution of endemic species on Ulleungdo Island, Korea, the case of *Fagus multinervis* (Fagaceae). Systematic Botany 41: 617-625.

Oh, S-H. and P. S. Manos. 2008. Molecular phylogenetics and cupule evolution in Fagaceae as inferred from nuclear CRABS CLAW sequences. Taxon 57: 434-451.

Ohsawa, M. 1995a. The montane cloud forest and its gradational changes in Southeast Asia. In: Hamilton, L. S., J. O. Juvik and F. N. Scantena (eds.), Tropical Montane Cloud Forests, pp. 254-265. Springer, New York.

Ohsawa, M. 1995b. Latitudinal comparison of altitudinal changes in forest structure, leaf-type, and species richness in humid monsoon Asia. Vegetatio 121: 3-10.

岡本素治. 1976. ブナ科の分類学的研究—実生の形態—. 大阪市立自然史博物館研究報告 30：11-18.

岡本素治. 1979. 遺跡から出土するイチイガシ. 大阪市立自然史博物館研究報告. 32：31-39.

岡本素治. 1980. *Castanopsis fissa*（ホンコン産）の堅果および実生に関するノート. 大阪市立自然史博物館研究報告 33：55-59.

Okamoto, M. 1983. Floral Development of *Castanopsis cuspidata* var. *sieboldii*. Acta Phytotax. Geobot. 34: 10-17.

Okamoto, M. 1989. New interpretation of the inflorescence of *Fagus* drawn from the developmental study of *Fagus crenata*, with description of an extremely monstrous cupule. Amer. J. Bot. 76(1): 14-22.

Okamoto, M. 1991. Evolutionary trends in the inflorescences and cupules of the northern Fagaceae. Bulletin of the Osaka Museum of Natural History, No. 45: 33-48.

岡本素治. 1995. ブナ科. 植物の世界, 8：71-91. 朝日新聞社.

岡野哲郎. 1993. シラカシ種子の発芽と実生の初期成長. 日林九支研論集 46：107-108.

Olson, D. S. Jr. and S. G, Boyce. 1971. Factors affecting acorn production and germination and early growth of seedlings and seedling sprouts. Oak Symposium Proceedings, pp. 44-48, United States Department of Agriculture Forest Service, Northeastern Forest Experiment Station Broomall, Pensylvania, USA.

小野由紀子・菅沼孝之. 1991. イシイガシの発芽および当年生実生の初期成長について―アラカシ, シラカシと比較して―. 日生態会誌 41：93-99.

Ørsted, A. S. 1867. Bidrag til Egeslaegtens Systematick, Naturh. Forening. Vidensk, Meddelelser. 8: 11-88. 原著未見.

Osawa, R., T. Fujisawa and R. Pukall. 2006. *Lactobacillus apodemi* sp nov., a tannase-producing species isolated from wild mouse faeces. IJSEM 56: 1693-1696.

太田英利. 2012. 琉球列島を中心とした南西諸島における陸生生物の分布と古地理―これまでの流れと今後の方向性―. 月刊地球 34：427-436.

Payer, J. B. 1857. Elements de botanique. Masson, Paris. 原著未見.

Peay, K. G., P. G. Kennedy, S. J. Davies, S. Tan and T. D. Bruns. 2010. Potential link between plant and fungal distributions in a dipterocarp rainforest: community and phylogenetic structure of tropical ectomycorrhizal fungi across a plant and soil ecotone. New Phytol. 185: 529-542.

Peters, R. 1997. Beech forests. 170pp. Springer Netherlands, Dordrecht.

Phengklai, C. 2008. Fagaceae. Flora of Thailand 9: 179-410.

Pulido, M. T., J. Cavelier and S. P. Cortés-S. 2006. Structure and somposition of Colombian montane oak forests. In: Kappelle, M. (ed.), Ecology and conservation of tropical montane oak forests, pp. 141-151. Springer, Berlin.

Quero, J. L., R. Vilar, T. Marañón, R. Zomora and L. Poorter. 2007. Seed-mass effects in four Mediterranean *Quercus* species (Fagaceae) growing in contrasting environments. Amer. J. Bot. 94: 1795-1803.

Ramírez-Valiente, J. A., F. Valladares, L. Gil and I. Aranda. 2009. Population differences in juvenile survival under increasing drought are mediated by seed size in cork oak (*Quercus suber* L.). For. Ecol. Manag. 257: 1676-1683.

Richards, P. W. 1952. The tropical rain forest. 450pp. Cambridge University Press, Cambridge.

佐橋憲生. 1998. 実生と寄生菌類. In：金子繁・佐橋憲生 (編), ブナ林をはぐくむ菌類, pp.24-36. 文一総合出版, 東京.

Sánchez, M. E., F. Lora, and A. Trapero. 2002. First report of *Cylindrocarpon destructans* as a root pathogen of Mediterranean *Quercus* species in Spain. Plant Disease 86: 693.

Santisuk, T. 1988. An account of the vegetation of northern Thailand. 101pp. Franz Steiner Verlag Wiesbaden GMBH, Stuttgart.

佐藤邦彦.1991.ブナ林の菌類と病害.In:村井宏・山谷孝一・片岡寛純・由井正敏(編),ブナ林の自然環境と保全,pp.121-132.ソフトサイエンス社,東京.

サベージ,ロバート(瀬戸口烈司訳).1991.図説哺乳類の進化.265pp.テラハウス,東京.

Scarlett, T. L. and K. G. Smith. 1991. Acorn preference of urban Blue Jays (*Cyanocitta cristata*) during fall and spring in northwestern Arkansas. Condor 93: 438-442.

清和研二.1994.落葉広葉樹の定着に及ぼす種子サイズと稚苗のフェノロジーの影響.北海道林試研報31:3-68.

Seiwa, K., A. Watanabe, T. Saitoh, H. Kanno and S. Akasaka. 2002. Effects of burying depth and seed size on seedling establishment of Japanese chestnuts, *Castanea crenata*. For. Ecol. Manag. 164: 149-156.

Shen, C. F. 1992. A monograph of the genus *Fagus* Tourn. ex L. (Fagaceae). Ph.D. Dissertation, The City University of N.Y.

島田卓哉.2008.野ネズミと堅果の関係―アカネズミのタンニン防御メカニズム―.In:本川雅治(編),日本の哺乳類学①―小型哺乳類,pp.273-297.東京大学出版会,東京.

Shimada, T. 2001. Hoarding behaviors of two wood mouse species: different preference for acorns of two Fagaceae species. Ecol. Res. 16: 127-133.

Shimada, T. and T. Saitoh. 2003. Negative effects of acorns on the wood mouse *Apodemus speciosus*. Population Ecology 45: 7-17.

Shimada, T. and T. Saitoh. 2006. Re-evaluation of the relationship between rodent populations and acorn masting: a review from the aspect of nutrients and defensive chemicals in acorns. Population Ecology 48: 341-352

Shimada, T., T. Saitoh and T. Matsui. 2004. Does acclimation reduce the negative effects of acorn tannins in the wood mouse *Apodemus speciosus*? Acta Theriologica 49: 203-

214.

Shimada, T., T. Saitoh, E. sasaki, Y. Nishitani and R. Osawa. 2006. Role of tannin-binding salivary proteins and tannase-produching bacterias in the acclimation of the Japanese wood mouse to acorn tannins. J. Chem. Ecol. 32: 1165-1180.

周浙昆. 1999. 殼斗科的地質歷史及其系統学和植物地理学意義. 植物分類学報 37：369-385.

Sieber, T. N., M. Jermini and M. Conedera. 2007. Effects of the harvest method on the infestation of chestnuts (*Castanea sativa*) by insects and moulds J. Phytopathology 155: 497-504.

Sims, H. J, P. S. Herendeen and P. R. Crane. 1998. New genus of fossil Fagaceae from the Santonian (Late Cretaceous) of central Gerogia, U. S. A. 1998. Int. J. Plant. Sci. 159: 391-404.

Smiley, C. J. and L. M. huggins. 1981. *Pseudofagus idahoensis*, n. gen. et sp. (Fagaceae) from the Miocene Clarkia flora of Idaho. Am. J. Bot. 68: 741-761.

Smith, C. C. and S. D. Fretwell. 1974. The optimal balance between size and number of offspring. Ame. Nat. 108: 499-506.

Soepadmo, E. 1972. Fagaceae. In: Flora Malesiana vol.7 part 2, 265-403.

Soepadmo, E., S. Julia and R. Go. 2000. Fagaceae. In Soepadmo, E. and L. G. Saw (eds.), Tree Flora of Sabah and Sarawak, vol.3., pp. 1-117. Forest Research Institute Malaysia

Sogo, A. and H. Tobe. 2005. Intermittent pollen-tube growth in pistils of alders (*Alnus*). PNAS 102: 8770-8775.

Sogo, A. and H. Tobe. 2006. Delayed fertilization and pollen-tube growth in pistils of *Fagus japonica* (Fagaceae). Amer. J. Bot. 93: 1748-1756.

Stapanian, M. A. and C. C. Smith. 1978. A model for seed scatterhording: coevolution of fox squirrels and black walnuts. Ecology 59: 884-896.

Steenis, C. G. G. J. van. 1950. The delimitation of Malaysia and its main plant geographical divisions. In: Steenis, C. G. G. J. van. (ed.), Flora Malesiana, Ser.1, Vol.1. pp. LXX-LXXV.

Steenis, C. G. G. J. van. 1984. Floristic altitudinal zones in Malesia. Bot. J. Linn. Soc..89: 289-292.

Sun, W., Y. Zhou, C. Han, C. Zeng, X. Shi, Q. Xian and A. Coombes. 2006. Status and conservation of *Trigonobalanus doichangensis* (Fagaceae). Biodiversity and Conservation 15: 1303-1318.

Sutton, D. D. and H. L. Morgensen. 1970. Systematic implications of leaf primordia in the mature embryo of *Quercus*. Phytomorphology 20: 88-91.

鈴木邦雄．1979．琉球列島の植生学的研究．横浜国立大学環境科学研究センター紀要 5：87-160.

Symington, C. F. 1943. Forester's manual of dipterocarps. Malay. Forester Rec. 16. 原著未見

立花吉茂．1989．日本産野生樹木の種子繁殖に関する研究（1）ブナ科コナラ属，マテバシイ属およびシイノキ属の種子発芽に関する温度の影響について．日本植物園協会誌．23：8-14.

高原光．2011．植生と火事（植物燃焼）の歴史：復元の手法と研究例．地球環境 16: 163-168.

Takahashi, A. and T. Shimada. 2008. Selective consumption of acorns by the Japanese wood mouse according to tannin content: a behavioral countermeasure against plant secondary metabolites. Ecol. Res. 23: 1033-1038

Takahashi K. and M. Suzuki. 2003. Dicotyledonous fossil wood flora and early evolution of wood characters in the Cretaceous of Hokkaido, Japan. IAWA Journal 24: 269-309.

高橋賢一・鈴木三男．2005.北海道産白亜紀の双子葉類木材化石および材質形質の初期進化．植生史研究 13：55-77.

高橋正道．2006．被子植物の起源と初期進化．506pp．北海道大学出版会，札幌．

高橋正道．2017．花のルーツを探る―被子植物の化石―．182pp．裳華房，東京．

Takahashi, M., E. M. Friis, P. S. Herendeen and P.R. Crane. 2008. Fossil flowers of Fagales from Kamikitaba locality (Early Coniacian; Late Cretaceous) of northeastern Japan. Int. J. Plant Sci. 169: 899-907.

高村尚武．1970．クリ果実の害虫 ミドリシンクイガの幼虫期における生態．岩手県林試成果報告 2：99-109.

高槻成紀. 1992. 北に生きるシカたち シカ，ササそして雪をめぐる生態学. 262pp. どうぶつ社，東京.

高柳芳恵. 2006. どんぐりの穴のひみつ. 142pp. 偕成社，東京.

Takyu, M. 1998. Shoot growth and tree architecture of saplings of the major canopy dominants in a warm-temperate rainforest. Ecol. Res. 13: 55-64.

Tam, P. C. F. and A. Griffiths. 1994. Mycorrhizal associations in Hong Kong Fagaceae. Mycorrhiza 4: 169-172.

田村典子. 2011. リスの生態学. 211pp. 東京大学出版会，東京.

Tanai, T. 1961. Neogene floral change in Japan. Journal of the Faculty of Science, Hokkaido University. Series 4, Geology and Mineralogy 11: 119-398.

Tanai, T. 1995. Fagaceous leaves from the Paleogene of Hokkaido, Japan. Bulletin of the National Science Museum, Tokyo, Series C 21: 71-101.

棚井敏雅. 1992. 東アジアにおける第三紀森林植生の変遷. 瑞浪市化石博物館研究報告 19：125-163.

Tang, C. Q. 2006. Evergreen sclerophyllous forests in southwestern Yunnan, China as compared to the Mediterranean evergreen *Quercus* forest types in California, USA and northeastern Spain. Web Ecology 6: 88-101.

Tang, C. Q. 2015 The subtropical vegetation of southwestern China. 374pp. Springer, Dordrecht.

谷口真吾. 2009. クリ. In：日本樹木誌編集委員会（編），日本樹木誌１，pp.243-274. 日本林業調査会，東京.

Tanouchi, H. 1996. Survival and growth of coexisting evergreen oak species after germination under different light conditions. Int. J. Plant Sci. 157: 516-522.

Tedersoo, L., T. W. May and M. E. Smith. 2010. Ectomycorrhizal lifestyle in fungi: global diversity, distribution, and evolution of phytogenetic lineages. Mycorrhiza 20: 217-263.

寺田和雄・半田久美子. 2009. 古第三系神戸層群の材化石（予報）. 福井県立恐竜博物館紀要 8：17-29.

寺澤和彦・小山浩正（編）. 2008. ブナ林再生の応用生態学. 310pp. 文一総合出版.

照屋健太. 2015. 亜熱帯沖縄島に生育するブナ科堅果の生産フェノロジーと

堅果食昆虫および土壌環境に関する研究．鹿児島大学博士論文．http://hdl.handle.net/10232/22751．

Tiffney, B. H. 1986. Fruit and seed dispersal and the evolution of the Hammamelidae. Ann. Missouri. Bot. Gard. 73: 394-416.

戸部博．1994．植物自然史．188pp．朝倉書店，東京．

富田幸光・伊藤丙雄・岡本泰子．2002．絶滅哺乳類図鑑．222pp．丸善，東京．

Tripathi, R. S. and M. L.Khan. 1990. Effects of weed weight and microsite characteristics on germination and seedling fitness in two species of *Quercus* in a subtropical wet hill forest. OIKOS 57: 289-296.

Tsai, L. M. 2006. Ecological survey of forests in the Pulong Tau National Park, ITTO project PD 224/06 Rev. 1(F): transboundary biodiversity conservation – the Pulong Tau National Park, Sarawak, Malaysia. 97pp. International Tropical Timber Organization, Sarawak Forest Department and Sarawak Forest Corporation.

Tsujino, R., T. Yumoto, H. Sato and A. Imamura. 2009. Topography-specific emergence of fungal fruiting bodies in warm temperate evergreen broad-leaved forests on Yakushima Island, Japan. Mycoscience 50: 388-399.

Tutin, T. G., V. H. Heywood, N. A. Burges, D. H. Valentine, S. M. Walters and D. A. Webb. 1964. Flora Europaea vol.1. 464pp. Cambridge University Press, Cambridge.

上田明良．1996．野生グリの堅果に対する虫害．日林論 107：233-236．

上田明良．2000．鹿児島県におけるマテバシイ堅果への食害．第111回日林学術講：356-357．

Ueda, A. 2000a. Pre-and Post-dispersal damage to the nuts of two beech species (*Fagus crenata* Blume and *F. japonica* Maxim.) that masted simultaneously at the same site. J. For. Res. 5 : 21-29.

Ueda, A. 2000b. Pre-and Post-dispersal damage to the acorns of two oak species (*Quercus serrata* Thunb. and *Q. mongolica* Fischer) in a species-rich deciduous forest. J. For. Res. 5 : 169-174.

上田明良．2002．種子食性昆虫—ブナ科の種子食性昆虫と研究の動向—．In：全国森林病虫獣害防除協会（編・発行），森林をまもる—森林防疫研究50年の成果と今後の展望—，pp.281-290．

上田明良．2009．その他の植食者．In：森林総合研究所（編），森林大百科事典．pp.196-198．朝倉書店，東京．

上田明良・五十嵐正俊・伊藤賢介・小泉透．1992．アラカシ・シラカシ・マテバシイの堅果に対する虫害（I）―落下前堅果への昆虫の加害時期と程度―．日林論 103：529-532．

上田明良・五十嵐正俊・伊藤賢介．1993．アラカシ・シラカシ・マテバシイの堅果に対する虫害（II）―落下後堅果への昆虫の加害時期と程度―．日林論 104：681-684．

植村和彦．2006．日本の新生代植物群の変遷．In：国立科学博物館（編），日本列島の自然史，pp.68-77．東海大学出版会，秦野市．

薄葉重．2003．虫こぶハンドブック．82pp．文一総合出版，東京．

Vander Wall, S. B. 2001. The evolutionary ecology of nut dispersal. The Botanical Review 67: 74-117.

Vander Wall, S. B. 2010. How plants manipulate the scatter-hording behavior of seed-dispersing anmimals. Phil. Trans. R. Soc. B: 365: 989-997.

Wauters, L. A., C. Swinnen and A. A. Dhondt. 1992. Activity budget and foraging behaviour of red squirrels (*Sciurus vulgaris*) in coniferous and deciduous habitats. J. Zool. (London) 227: 71-86.

Webb, S. L. 1986. Potential role of passenger pigeons and other vertebrates in the rapid Holocen migrations of nut trees. Quaternary Research 26: 367-375.

Wheeler, E. F., M. Lee and L. C. Matten F.L.S. 1987. Dicotyledonous woods from the Upper Cretaceous of southern Illinois. Bot. J. Linn. Soc. 95: 77-100.

Wheeler, E. F., R. A. Scott and E. S. Barghoorn. 1978. Fossil dicotyledonous woods from Yellowstone National Park, II. J. Arnold Arbor. 59: 1-26+ 5 pl.

Whitmore, T. C. 1984. Tropical rain forests of the Far East. 352pp. Clarendon Press, Oxford.

Woodruff, D. S. 2003 Neogene marine transgressions, paleogeography and biogeographic trasitions on the Thai-Malay Peninsular. J. Biogeogr. 30: 551-567.

Wrangham, R. W., N. L. Conklin-Brittain and K. D. Hunt. 1998. Dietary response of chimpanzees and cercopithecines to seasonal variation in fruit abundance. I. antifeedants. International Journal of Primatology 19: 649-970.

Wright, J. W. and R. S. Dodd. 2013. Could Tanoak mortality affect insect biodiversity? Evidence for insect pollination in Tanoaks. Madroño 60: 87-94.

Xiao, Z., G. Chang and Z. Zhang. 2008. Testing the high-tannin hypothesis with scatter-hoarding rodents: experimental and field evidence. Animal Behaviour 75: 1235-1241.

Xiao, Z., X. Gao, M. Jiang and Z. Zhang. 2009. Behavioral adaptation of Palla's squirrels to germination schedule and tannin in acorns. Behavioral Ecology 20: 1050-1055.

Xu, J., M. Deng, X-L. Jiang, M. Westwood, Y-G. Song and R. Turkington. 2015. Phylogeography of *Quercus glauca* (Fagaceae), a dominant tree of East Asian subtropical evergreen forests, based on three chloroplast DNA interspace sequencies. Tree Genetics and Genome 11: 805.

Xu, X., Z. Wang, C. Rahbek, J-P. Lessard and J. Fang. 2013. Evolutionary history influences the effects of water-enegy dynamics on oak diversity in Asia. J. Biogeogr. 40: 2146-2155.

山路貴大・駒井古実・逢沢峰昭・大岡知亮・大久保達弘．2014．太平洋型および日本海型ブナ林におけるブナ属の堅果食性小蛾類の多様性．日林誌 96：323-332．

山川博美・池淵光葉・伊藤哲・井藤宏香・平田令子．2010．急傾斜地の照葉樹二次林における森林性ネズミによる堅果の散布．日林誌 92：157-161．

Yamamura, Y., A. Ishida and Y. Hori. 1993. Differences in sapling architecture between *Fagus crenata* and *Fagus japonica*. Ecol. Res. 8: 235-239.

山野井徹．1998．日本列島の誕生と植生の形成．In：安田喜憲・三好教夫（編），図説日本列島植生史，pp.12-24．朝倉書店，東京．

山下寿之．1994．分布北限域のスダジイ林内における種子散布と実生および稚樹の分布．日生態会誌 44：9-19．

山下寿之．1998．スダジイの種子発芽と初期成長．富山県中央植物園研究報告 3：35-40．

Yasuda, M., S. Miura, N. Ishii, T. Okuda and N. A. Hussein. 2005. Fallen fruits and terrestrial vertebrate frugivores: a case study in a lowland tropical rainforest in Peninsular Malaysia. In: Forget, P.-M., J. E. Lambert, P. E. Hulme and S. B.

Vander Wall (eds.), Seed fate, predation, dispersal and seedling establishment, pp. 151-174. CABI Publishing, UK.

横山敏孝．1998．ブナ属．In：勝田柾・森徳典・横山敏孝（編），日本の樹木 種子広葉樹編．pp.57-63．林木育種協会，東京．

米林仲．1996．ブナ林の植生史．In：原正利（編・著），ブナ林の自然誌．pp.66-73．平凡社，東京．

米田健・水永博己・木下裕子・今村能子・岩壁千智・舘野隆之輔．2009．マテバシイ属シリブカガシ塊根の生態的特性．日本生態学会第56回全国大会講演要旨集，p.229．

湯川淳一・桝田長．1996．日本原色虫えい図鑑．全国農村教育協会，東京．

雲南植被編写組（編・著）．1987．雲南植被．科学出版社，北京．

Zhang, H., Y. Chen and Z. Zhang. 2008. Differences of dispersal fitness of large and small acorns of Liaodong oak (*Quercus liaotungensis*) before and after seed caching by small rodents in a warm temperate forest, China. For. Ecol. Manag. 255: 1243-1250.

Zhang, J., T. Taniguchi, R. Tateno, M. Xu, S. Du, G-B. Liu and N. Yamanaka. 2013. Ectomycorrhizal fungal communities of *Quercus liaotungensis* along local slopes in the temperate oak forests on the Loess Plateau, China. Ecol. Res. 28: 297-305.

Zhu, H. and S-S. Zhou. 2017. A primitive Cupuliferae plant (*Trigonobalanus verticillata*) found in Xishuangbanna, Yunnnan, and its biogeographical significance. Plant Science Journal 35: 205-206. In Chinese with English summary.

索引

[あ]
ITS領域 54, 258
アーバスキュラー菌根(VA菌根) 198
アーブトイド菌根 200
アカガシ亜属 60
アカナラ節 60
秋発芽 176
暖かさの指数 235, 258
阿仁合型植物群 25
アマミアラカシ 250, 254
アルカエファガケア 14
異形子葉 79, 137
委縮した胚珠 75
遺存固有 43, 258
一斉開葉 131, 258
古第三紀 15
イヌブナ 121, 149
イノシシ 183
イレックス節 60
インタノン山 229
ウォーレス線 225
ウォレシア 225
雲南省 38, 220, 223
雲霧帯 221, 231, 238, 258
蝦夷層群 12
エリコイド菌根 200
エングラーブナ亜属 53
オキナワウラジロガシ 42, 250, 255
オキナワジイ 250, 254
オシドリ 185
雄花 82
温帯針葉樹林 217

[か]
介在成長 109, 259
外生菌根(外菌根) 199, 201
外果皮 71
海裂 251, 259
化学的防御 169, 177
ガガンボ 157
殻斗 69, 108
　——の圧迫痕 69
　——の進化 112
　——の成長 164
　——片 109
隔壁 72, 259
カクミガシ 35, 44
隔離分布 47, 245, 259
隠れた逃避地 189
カケス 29, 185
花糸 83
果実序 259
果実の成長過程 105
カシノナガキクイムシ 197
花序 94
　——殻斗 111, 163, 259
カシ類二次林 231
カスカディアカルパ 18
カスタノラディックス 12
風散布 27, 162
果皮 70, 259
花被 69
　——片 83, 259
下部山地林 231
花粉 88, 250, 252
　——管 91
　——の表面形態 63
カミュ, A.A 55

カラエオカルプス節　56
カラス科　29, 185
寒温帯針広混交林　214
カンガルーパッタニ線　227
幹生花　236, 260
乾燥フタバガキ林　229
キクイムシ　152, 156
季節雨林　231
キナバル山　241
季風常緑広葉林　220
球形　69
休眠　127, 260
狭義のカクミガシ　45
凶作年　142
共進化　27, 260
極軸　88, 260
菌根ネットワーク　203
クチクラ層　72
クヌギミウチガワツブフシ　146
クライン　260
クラ地峡　228
クリカシ属　54
クリ属　54
クリソレピス　43
クリタマバチ　146
群系　214
茎頂　132, 261
系統図　113, 261
系統地理　59
ケシキスイ　157
げっ歯類（齧歯類）　28, 261
ケラマギャップ　251, 253
ケランガス林　240
ケリス亜属　61
ケリス節　60
堅果　27, 261
　　──食性　148
　　──の栄養　175
　　──のサイズ　175
　　──の充実　164

原基　122, 261
高温発芽型　128
広義のカクミガシ属　44
口吻　153
厚壁細胞　72, 261
硬葉樹　223
　　──林　223
コナラ亜属　60, 61
コナラ属　59
コナラ属の新分類体系　62
固有種　42, 250
コロンビア　40
コロンボバラヌス　35, 40
混合フタバガキ林　236
混交落葉林　230
ゴンドワナ大陸　212

[さ]
材化石　12, 250
柵状組織　72
サポニン　179
サラワク州　243
サル　166
山塊効果　238
三徳型植物群　26
散布　114
　　──後被食　135
　　──前被食　135
　　──体　67
三稜形　69
シイ属　54
ジェネラリスト　148
雌花序　95
シギゾウムシ　154
脂質　170
子実体　195
雌性配偶体　93
自然選択　93
下子葉　18
シナエドリス節　115, 166, 174

子嚢菌　199, 261
子房　262
　——下位　70
　——上位　70
Jantzen-Connell 仮説　205
雌雄異花　82
柔細胞　72, 262
充実率　262
雌雄同花序　96
種子　75
　——散布　27, 262
　——散布距離　187
受精　90, 262
種皮　72, 262
受粉　90, 262
　——効率仮説　178
珠柄　75
順次開葉　131, 262
子葉　78, 118, 263
消化阻害　171
鞘翅目　152
上胚軸　121, 263
　——休眠　129
　——の成長　126
上部山地林　232
照葉樹林　219
初期サイズ　121
食痕　149
食性ギルド　158
植物繊維　170
シロナラ節　60
真正双子葉群　12, 263
新第三紀　24
垂直分布　232, 241
水平分布　245
スペシャリスト　148
スンダランド　225, 263
成熟サイズ　106
成分構成　169
節（分類単位としての）　263

蘚苔林　232, 238
選択散布仮説　191
戦略的駆け引き　174
相観　224, 263
送粉様式　83, 103, 264
ゾウムシ　152

[た]
退化雄しべ　83
胎座　264
台島型植物群　25
タイワンブナ　52
タウリカブナ　51
多臼歯類　28
タケシマブナ　53
食べ残し散布　161
タマバエ　144
タマバチ　144
暖温帯・亜熱帯常緑広葉樹林　219
担子菌　199, 264
炭水化物　169
タンナーゼ　173
タンニン　134, 170
　——結合性唾液タンパク質　172
タンパク質　170
地下子葉　78, 118, 120, 264
地上子葉　79, 118, 120, 264
虫えい　143, 144, 264
中果皮　71
中山湿性常緑広葉林　220
中軸維管束　75, 265
中軸胎座　86, 265
柱頭　86, 265
虫媒　83, 103
長距離散布　188, 191
貯蔵物質　118, 122
地理的クライン　190
ツキノワグマ　182
低温処理　127
低温発芽型　128

泥炭湿地林　240
低地フタバガキ林　239
動物散布　27
トカラギャップ　251, 253
トゲガシ属　43
トチノキ　179
トリコーム　72, 265
トレードオフ　173, 193, 265
ドングリキツツキ　185

[な]
内外生菌根　200
内果皮　71
ナンキョクブナ　35
南西諸島　42, 247
二出集散花序　95, 265
二出集散穂状花序　94
ニホンカモシカ　183
ニホンジカ　183
熱帯亜高山林　236
熱帯下部山地林　236
熱帯上部山地林　236
熱帯低地林　236
ノトリトカルプス属　36, 43

[は]
胚　265
ハイイロチョッキリ　152
胚軸　78, 266
胚珠　75, 266
胚乳　82, 266
白亜紀後期　11
発芽　126
　――阻害物質　131
発根　126
葉的器官　109
花殻斗　111, 163, 266
ハプロタイプ　254, 266
春発芽　176
板根　236, 266

半湿潤常緑広葉林　220
光環境の季節変化　134
ヒゲイノシシ　184
微小逃避地　189
被食回避　136
被食散布　162
被食防御物質　134
病原菌　196
標高軸　234
ビレンテス節　61
ファグス・ランゲビニイ　19
ファゴプシス　20, 28
フィッサ群　82
フウ　250
風虫両媒　103
風媒　83, 103
フェノロジー　104, 266
フォルマノデンドロン　35
プシュードカスタノプシス亜属　56
プシュードパサニア節　56
腐生菌　205, 266
フタバガキ科　184, 212
物理的防御　177
ブナ　121, 149, 182
ブナ亜属　53
ブナ科植物の系統　37
ブナ属　51
ブナヒメシンクイ　148, 178
プロトバラヌス節　60
分散貯蔵　27, 175
　――散布　161
分子系統学　267
へそ　70, 73
萌芽　267
　――再生　49
豊作年　142
紡錘形（根）　124
砲弾形　69
苞葉　109, 267
捕食者飽食仮説　178

ボルネオ島　236
ポンティカ節　61

[ま]
マイクロサテライト　267
　――DNA　254
マスティング　142, 178
マテバシイ属　58
マレシア　38, 267
マングローブ　240
実生　117, 267
　――再生　205
　――の初期成長戦略　131
　――バンク　117
　――萌芽　122
ミズナラ　182
蜜腺　83, 267
ムカシブナ　26
メキシコ　39, 222
メソフォッシル　9
メタセコイア植物群　26
雌花　68, 82
面積効果　253, 267
モノトロポイド菌根　200

[や]
やく　83
ヤマガラ　185
雄花序　95
ユウカスタノプシス節　55, 56
雄性配偶体　93
葉原基　132
幼根　78, 268
　――休眠　127
葉食性　148
葉食性昆虫　134
ヨナクニギャップ　253

[ら]
ラマスシュート　131, 268
ラン菌根　200
離層　69, 268
陸橋　251
琉球石灰岩　253
リョコウバト　186
鱗翅目　148
鱗片葉　122, 268
冷温帯夏緑広葉樹林　215
レイドのパラドックス　188

原　正利（はら　まさとし）

1957年　東京都に生まれる
1979年　東京農工大学農学部環境保護学科卒業
1984年　東北大学大学院理学研究科生物学専攻の全課程を修了し，理学博士の学位取得．専門は森林生態学，植生学．
1986年　千葉県教育庁文化課博物館準備室に入り，県立中央博物館の開設準備に携わる．同博物館開館（1989年）後，植物科長，環境科学研究科長，生態・環境研究部長，分館海の博物館分館長等を経て2017年退職．この間，Ecological Research編集委員，千葉大学客員准教授，国立歴史民俗博物館客員教授，千葉県生物学会副会長等を務める．

　著書に『ブナ林の自然誌』（平凡社），『ヘイウッド花の大百科事典』（共訳，朝倉書店），『世界のどんぐり図鑑』（解説，平凡社）など．

どんぐりの生物学
―― ブナ科植物の多様性と適応戦略

学術選書 088

2019 年 4 月 5 日　初版第 1 刷発行
2021 年 12 月 15 日　初版第 2 刷発行

著　　者…………原　　正利
発 行 人…………足立　芳宏
発 行 所…………京都大学学術出版会
　　　　　　　　京都市左京区吉田近衛町 69
　　　　　　　　京都大学吉田南構内（〒606-8315）
　　　　　　　　電話（075）761-6182
　　　　　　　　FAX（075）761-6190
　　　　　　　　振替 01000-8-64677
　　　　　　　　URL http://www.kyoto-up.or.jp

印刷・製本…………㈱太洋社
装　　幀…………鷺草デザイン事務所

ISBN 978-4-8140-0208-5　　Ⓒ Masatoshi HARA 2019
定価はカバーに表示してあります　　Printed in Japan

本書のコピー，スキャン，デジタル化等の無断複製は著作権法上での例外を除き禁じられています．本書を代行業者等の第三者に依頼してスキャンやデジタル化することは，たとえ個人や家庭内での利用でも著作権法違反です．

学術選書［既刊より］

- 001 土とは何だろうか？　久馬一剛
- 008 地域研究から自分学へ　高谷好一
- 010 GADV仮説 生命起源を問い直す　池原健二
- 011 ヒト 家をつくるサル　榎本知郎
- 018 紙とパルプの科学　山内龍男
- 021 熱帯林の恵み　渡辺弘之
- 026 人間性はどこから来たか サル学からのアプローチ　西田利貞
- 027 生物の多様性ってなんだろう？ 生命のジグソーパズル　京都大学生態学研究センター編
- 029 光と色の宇宙　福江 純
- 033 大気と微粒子の話 エアロゾルと地球環境　笠原三紀夫・東野 達 監修
- 034 脳科学のテーブル　日本神経回路学会監修／外山敬介・甘利俊一・篠本 滋編
- 035 ヒトゲノムマップ　加納 圭
- 037 新・動物の「食」に学ぶ　西田利貞
- 038 イネの歴史　佐藤洋一郎
- 040 文化の誕生 ヒトが人になる前　杉山幸丸
- 044 江戸の庭園 将軍から庶民まで　飛田範夫
- 045 カメムシはなぜ群れる？ 離合集散の生態学　藤崎憲治

- 049 世界単位論　高谷好一
- 051 オアシス農業起源論　古川久雄
- 056 大坂の庭園 太閤の城と町人文化　飛田範夫
- 060 天然ゴムの歴史〈ヘベア樹の世界一周オデッセイから「交通化社会」へ〉　こうじや信三
- 061 わかっているようでわからない数と図形と論理の話　西田吾郎
- 063 宇宙と素粒子のなりたち　糸山浩司・横山順一・川合 光・南部陽一郎
- 068 景観の作法 殺風景の日本　布野修司
- 071 カナディアンロッキー 山岳生態学のすすめ　大園享司
- 076 埋もれた都の防災学 都市と地盤災害の2000年　釜井俊孝
- 077 集成材〈木を超えた木〉開発の建築史　小松幸平
- 079 マングローブ林 変わりゆく海辺の森の生態系　小見山 章
- 080 京都の庭園 御所から町屋まで㊤　飛田範夫
- 081 京都の庭園 御所から町屋まで㊦　飛田範夫
- 082 世界単位日本 列島の文明生態史　高谷好一
- 084 サルはなぜ山を下りる？ 野生動物との共生　室山泰之
- 085 生老死の進化 生物の「寿命」はなぜ生まれたか　高木由臣
- 088 どんぐりの生物学 ブナ科植物の多様性と適応戦略　原 正利